沒人教我怎麼當主管

量身打造領導力，
小團隊也能締造好成績！

和智右桂 —— 著
鄭翠婷 —— 譯

推薦序

「該鑽研技術？還是培育團隊？」

這應該是許多技術者都會碰到的煩惱吧。我也不例外，我熱愛寫程式與系統架構設計，在二十來歲時，以認定「在這方面可不能輸給別人」的技術為中心，常常抱著到了緊要關頭，所有事情全部都由我來搞定的心態參與企劃案。

然而，當團隊成員從3人變成5人，之後增加至10人，就無法憑自己解決全部的問題了。我在三十幾歲時學習到和同伴一起同心協力，發揮一加一大於二的力量的重要性，也明白了這代表要找到能夠分享成功喜悅的同伴。

領導力與技術並非單選題。不過發揮領導力需要一點訣竅或想法上的轉換，本書針對「想法轉換」做了簡單易懂的說明，想必能給予現在的你所需要的轉換框架。

舉例來說，自己思考、自己做決定、自己發出指示這種做法，在現代的企劃案中會容易出現破綻。更好的方法是建立一起思考、一起做決定、一起承諾達成目標的團隊。找到分享成功喜悅的夥伴，還能因此創造出更大的成果。

你也想用這樣的方式工作嗎？

來，翻開下一頁，一起迎向管理的世界吧。

永和系統管理股份有限公司／Change Vision股份有限公司　領導者　平鍋健兒

現今領導者的工作之所以變得困難，原因在於要處理的對象是人。在生活風格與價值觀、工作方式都十分多樣化的現代，領導者與管理者必須因應的難題也變得更為複雜。

本書是由作者在實際面對過這種現代問題，並以領導者身分反覆嘗試（大概也經歷了許多失敗）之後，將獲得的「現場智慧」集結而成。從結果來看，本書與坊間隨處可見，高談何謂領導者？何謂管理？墨守成規的傳統工具書有著明顯的區別。

剛剛成為領導者的人、想提升領導水準的人、成為時下年輕人的領導者而煩惱的人，本書一定會給予各位新的「可用知識」。

秀玄舍股份有限公司　代表　福井啟志

湯姆・狄馬克與提摩西・李斯特在名著《Peopleware：腦力密集產業的人才管理之道》中提到：「我們在軟體開發中所面臨的，在本質上主要都是社會性的問題，而非技術性的問題。」不只軟體開發，我們的日常工作中，人際互動也占據絕大部分。就算每個人各自具備出色的技能，團隊也必須發揮功能，使那些人朝著共同的目標邁進。要讓由人組成的集團作為團隊發揮功能，領導能力則不可或缺。

另一方面，在許多組織裡，人們當上領導者時往往沒接受過相關教育，只是模仿自己看過的領導者行事，想必也時常因此而碰壁。領導者有身為領導者所需的心態與訓練，本書將全面地介紹這些重點。

Attractor股份有限公司　董事兼技術長／敏捷教練　吉羽龍太郎

前言

聽到「領導者」這個詞，大家會聯想到什麼樣的人？擁有壓倒性的魅力，率領數千、數萬人，用誰也都想不到的點子改革創新。我想大家會稱作「偉大領導者」的人，應該是這樣的形象吧。不過，社會並非僅靠這樣偉大的領導者來運作。我們平常接觸的工作現場，是由所謂「兩個披薩能夠餵飽」的人數構成的小團隊，以及負責帶領團隊做出成果的領導者來推動運作的。本書要討論的對象，就是率領這種「小團隊」的「小領導者（Small Leader）」。

不過，就算團隊規模小，要求具備的領導能力水準未必比較低。掌管「人力、物力、經費」相關權限，率領團隊推進工作，處理每天發生的問題，同時也得持續交出成果並非易事。剛當上領導者的人就算想從頭學起，由於必要的基本知識極為複雜，可以說是難以學習的領域。儘管如此，工作現場不會等人。因為這個緣故，一邊吃苦頭一邊摸索前進的領導者想必不少。

考慮到這樣的狀況，本書作為領導者的指引，刻意盡可能囊括了「小領導者」

特別應該學習的事項。內容大體上可分為「提升團隊功能的技術」與「經營團隊活動的技術」，兩者相輔相成。但是在個別論點上則避免過於詳細探討，秉持著「對於團隊而言具有什麼意義？」的觀點來論述。

本書的結構

本書由七大章組成。在「第一章　小領導者的心理準備」中，將會說明身為領導者面對團隊時必須意識到的心理準備，同時也會提及貫穿本書的基本思考方式，請務必要閱讀第一章。至於接下來的內容，先由感興趣的章節開始閱讀也無妨。「第二章　點燃團隊」是談論如何建立團隊邁向目標的基礎。「第三章　以團隊『正確思考』的技術」與「第四章　深入挖掘對立意見的機會」焦點都放在團隊的「溝通」方面；第三章討論理解彼此認知的方法，第四章則是在以理解為前提之下，如何活用多樣化意見的方法。「第五章　將團隊活動『視覺化』」與「第六章　解決問題同時前進」將談論實際的團隊經營。第五章介紹作為視覺化工具的條形圖，而第六章則論述解決問題的方法。至於「第七章　建立運行工作的循環」，會說明透過回顧創造團隊成長循環的方法。

目標讀者

本書主要的目標讀者是團隊領導者，但也希望以成長為目標的團隊成員，以及立志當上領導者的人，閱讀本書後能得到幫助及指引。

謝詞

感謝拿起本書的讀者們。另外，本書在許多人的支持之下才得以完成。在此感謝翔泳社的秦和宏先生，從構思階段便真摯地一同討論，將我片斷的想法仔細地組建成形，您精準的審閱與犀利的指摘總是令我感到欽佩。感謝為本書排版的BUCH⁺與設計師荒川浩美小姐。感謝總是給予溫暖關心的翔泳社岩切晃子小姐。感謝仔細閱讀我粗糙的草稿並回饋意見的諸位：大城雄太先生、戸山整先生、林翼先生、細澤あゆみ小姐、武者孝夫先生（按照日語五十音排序）。感謝在百忙中抽空閱讀原稿，撰文推薦的諸位：平鍋健兒先生、福井啟志先生、吉羽龍太郎先生。

我將在工作中受過的指導與學習到的知識化為文字寫成了本書。在製作過程中正是由團體一邊討論一邊推進企劃案，對我而言也是一次相當寶貴的經驗。在此向

HAPPINET CORPORATION資訊系統部門的諸位、鼎力相助的合作公司諸位致上深深的謝意。

最後，由衷感謝一直以來支持著我的大家。

和智右桂

CONTENTS

沒人教我怎麼當主管　目次

第1章　小領導者的心理準備

CONTENTS

第4章

深入挖掘對立意見的機會

第5章

將團隊活動「視覺化」

第 1 章

小領導者的心理準備

脫離負面螺旋！

默默侵蝕著團隊的惡性循環

「團隊」這個詞，擁有讓人聯想到成員互助合作，邁向目標這種美好情景的力量。可是，現實又是如何呢？一成不變的工作、不存在的業務說明書、散亂的知識、不平均的工作負擔……雖然有程度區別，許多團隊應該都嚐過這樣的苦頭吧？

在這樣的團隊中，經常可以聽見如此說法。

「動手做就會學起來啦。」
「○○的事情就去問△△。」

其實，這其中隱藏著危險的陷阱。此處的價值著重於「知識量」。工作所需要的「技能」在一定階段學習完畢後，接下來展開的是「不問某個人就不知道」或「知道以後一個人就做得到」的二選一世界。在大多數情況下，這樣的世界裡會存在著「英雄」，也就是熟知各種資訊、不以繁重的工作為苦、處理比普通人多兩、三倍的作業量，是團隊不可或缺的關鍵人物。只要工作還能進行，在某種意義上來說或許也可以稱之為一個完美的境界。

可是，負面的螺旋在這個狀況下會默默地侵蝕著團隊。負面螺旋究竟是怎麼產生的？讓我們來試著模擬看看。

首先，來看看新加入這種團隊的人。要「學會」工作，唯一的方法是實際體驗各式各樣的經歷。可是那麼做的話，要到何時才能學會哪一種工作全看運氣。不過，時間緊迫的工作不會指派給新人，如此一來，想要掌握所有必要的知識得花費多少時間呢？從結果來說，新加入的成員被團隊擱置了。

另一方面，老手又是如何呢？當然，老手各自擁有的知識量與類型有所差異，緊急的工作會集中交付給「能迅速做好的人」。能力範圍內的工作會一直交給他們，因此會變得越來越熟練，但做不到的事情卻仍然做不到。

那麼「英雄」呢？他們在大多數情況下是突然出現的。有些人是因為某些理由自團隊外加入，有些人則是在團隊中自行成長。他們雖擁有令人驚豔的工作能力，卻有「雖然自己做得到，但不清楚為什麼，也無法教導別人」的共通點。因為他們並不是接受他人的指導才掌握訣竅的。

這樣的團隊之所以會有工作負荷量不平均的問題，是因為知識量參差不齊。可是，「交給會做的人處理」這種做法，反而會讓知識量不一致的問題加劇，如此狀況會隨著時間逐漸惡化。這便是負面螺旋的真面目。

沒發揮功能的團隊

陷入負面螺旋的團隊一般面臨的問題還有另外一個。那就是「團隊的力量無法超越成員個人力量的總和」。

本來集結成一個團隊的意義，是透過成員們互助合作達成單獨一人做不到的事情。並非單純的分工，而是透過成員之間的綜效來加以實現。可是，成員們分別做著自己辦得到事情，這種狀態對工作來說，在本質的意義上並非合作。的確，他們有時會分工處理分解成個別作業的事務，也會為此交流。可是，他們不會進行「作為團隊整體該怎麼做？」這種層次的對話。乍看之下是達到了不會發生意見衝突的和平世界，但這樣無法產生綜效。由結果來看，作為團隊能做的事有限，也不會產生挑戰新領域的舉動。

像這樣陷入負面螺旋的團隊有下列特徵。

- 部分成員負擔過重
- 流於表面形式的溝通
- 有限且固定化的工作

引導團隊脫離這種狀態，是領導者的重要任務。

要脫離負面螺旋該怎麼做

想要脫離負面螺旋，應該以什麼樣的狀態為目標呢？既然負面螺旋是知識量落差造成的，首先必須讓團隊往減少落差的方向前進。

可是，並非所有成員都能平均地獲得學習新事物的機會。學習是發生在成員實際作業時。下工夫嘗試某些新事物的時候當然不用說，進行熟悉的作業時偶爾也會得到新的領悟。可是，這樣的學習一開始只會在成員腦海中起作用。若沒有共享學到的內容，會導致知識更加參差不齊，想要活用所學，必須進行活動讓學到的東西在團隊內擴散。也就是說，團隊應以讓人員隨時吸收新知，並持續在團隊內共享知識為目標，取得兩者的平衡。

那麼為了脫離負面螺旋，切換到學習與成長的螺旋中，必須做什麼呢？

知識量參差不齊是產生負面螺旋的契機，而「交給會做的人處理」這種想法導致問題惡化。應該致力於克服那種想法，切換成「把做不到的事情學到會」。然而這並不容易。處理會做的事情，對許多人來說感覺很舒適。處理熟悉的工作，是將失敗的風險降到最低並輕鬆取得成就感的手段。

像這種不冒風險就得到一定滿足感的狀態，稱為「舒適圈」。正如文字所示，舒適圈是對本人而言待起來很舒適的空間。不過根據研究顯示，有些知識必須在踏出舒適圈之後才學得到。為了作為團隊持續吸收新知，每一名成員都必須面對失敗的不安。可是，這並非放著不管就能自然辦到的事。

另外，在挑戰新事物時，表現會暫時比「會做的事情」時來得低落。這種情況從經驗來看也是能夠理解的。如果團隊被交代的任務期限充裕，能容許做這種學習當然很好，但在現實中並非如此的案例也不少見。在缺乏餘裕的狀況下，只能一邊維持「交給會做的人處理」的做法，一邊致力於累積學習成果。

這些是身為領導者應當處理的課題。有一句古諺說「授人以魚不如授人以漁」，在這裡則必須做到「捕得足以供團隊食用的漁獲，同時教他們釣魚」。接下來，讓我們看看為此所需要的基本思考方式。

首先要改變自己

領導者有身為領導者該學習的心理準備。為了學到這些，必須將從前是一名團隊成員（選手）時的思考方式略做改變。

本節要來看看選手與領導者的差異，並思考身為領導者踏出的第一步。

領導者是什麼樣的人？

如果沒有共同目標，只是一些人聚在一起，那就不需要領導者了。讓我們根據以下情境來思考在什麼時候會需要領導者吧。

在一間酒吧裡，聚集了一群喜歡某款雙人對戰桌遊的同伴。他們大約有十人，是店裡的常客，和店員也混得很熟，隨時來喝酒都能找到玩遊戲的對手。每個人享受的方法各不相同，有些人想增進桌遊實力，也有人純粹喜歡跟同伴一起喝酒。光是在興致來時和同伴一起玩樂再回家這件事就很愉快。

在這個團體或場合中，最重要的是什麼呢？既然是遊戲就有勝負之分，也的確有評判實力的基準與增強實力的方法論。但是，既然追根究柢來說，這群人聚集的共同目的是「一邊玩喜歡的遊戲，一邊和喜歡的同伴開心地喝酒」，那麼這個場合最應該重視的是人和。類似「你得多練習才行」這種多餘的建議，搞不好會變成鬧翻的原因。由於只是享受興趣，對別人的玩法說三道四就太不識趣了。

再來，試著讓這個團體的狀況有一些發展。不知是誰提議的，這群酒友決定「參加定期舉辦的桌遊團體賽」。這個團體比賽按照實力水準分組，可以跟與自己水準相當的對手對戰。他們實際嘗試出賽，雖然在團體賽中常常落敗，但大多數人的目的是團體賽結束後的「慶功宴」，不太在乎勝負結果。

此時，團體的目的依然是「玩遊戲」與「和同伴喝酒」。只是先前都是想來的時候隨意集合而已，現在卻多出一些報名參賽和聯繫參加者的手續。這麼一來，就會出現負責處理這些手續的人，不過光是做這些事不需要領導力。

這群同伴迎接了更進一步的轉機。經過幾年後的某一天，其中一人提議：「我們就算參加比賽也總是落敗沒有成長，為了拿下更多勝利，一起練習吧。」有些人贊同他的話，也有人持否定的見解，認為「我們又沒打算當職業玩家，不必花那麼大的力氣吧……」。這時他有個想法：「團體賽是一對一的七組對戰，所以只要有四個人勝利就行了。找三個人一起練習吧。而且等到實力強的人增加，現在持否定態度的人說不定也會改變想法。」

這正是領導者誕生的瞬間。他在至今為止的價值觀「享受遊戲樂趣、和同伴一起喝酒」之外，從「勝利」這個結果發掘了價值，思考勝利所需的手段，試圖集結贊成的同伴。他們是否能兼顧「立志拿下勝利」與「享受樂趣」？和價值觀不相容的同伴們往後還能繼續和睦相處嗎？他的眼前應該還有許多困難。儘管如此，贊同領導者所說的話的人會形成「團隊」。

總之，所謂領導者就是揭示目標、建立達成目標所需的作戰計畫、推動成員們向目標邁進的人。大家是否明白了，領導者的活動與平日的作業位於截然不同的層面呢？

對作業放手才是領導者

在工作的世界中成為領導者的人，大多數都曾是優秀的選手。另一方面，在實務層面一路累積實際成果的人，很難擺脫「自己動手做更快」的思考方式。然而，這種思考方式正是製造負面螺旋的原動力。而且領導者陷入這種思考方式，會比其他團隊成員陷入時造成更糟糕的狀況。

如果只挑出在眼前的一項作業把事情做完就行了，那的確有時候自己做會更快。可是，當負責為團隊整體思考的領導者自己動手處理個別作業，會把大部分的時間與集中力消耗在那件事上。俗話說見樹不見林，如果不努力對作業放手並從更綜觀大局的角度來看事物，便無法達成處理團隊的日常業務、達成目標，同時脫離負面螺旋這項困難的任務。

克制「想要自己做」的情緒

儘管說「自己動手做更快」，實際上速度有多大的差異呢？兩倍？三倍？不過，總不會是五倍或六倍吧。只要試圖獨自一人做出成果，成績很難超越優秀領導者率領的五、六人團隊。認為「自己動手做更快」的人，在本質上應該也明白這樣的道理。

雖然如此還是不肯放手的原因是什麼呢？請試著確認自己心中是否存在著不願放下某件工作的心情。舉例來說，大家腦海中是否閃過「沒有時間說明」這句台詞？然而，這只不過是個藉口。大家應該明白應該節省的不是說明的時間，而是該減少自己今後繼續做那一項工作的時間。

就算在道理上明白，有時卻很難實際做到。這並非理論的問題，而是情緒上的問題吧。身為優秀的選手，在作業過程自行學到如何迅速又正確地處理作業，因此非常瞭解親自動手做的價值。另外，他們也很清楚完成作業後的成就感，並對表現得到好評感到自信。對作業放手，會伴隨著失去這些的恐懼感。

可是既然當了領導者，該做的事自然不用多說，也請大家努力重新理解，身為領導者該學習的事物與受到評判的基準，和還是選手的時候截然不同。作為領導者要達成團隊任務，是一件有許多辛勞之處的工作。不過，從中能學到很多作為選手時所學不到的東西，非常值得去做。

跨越無法放手的狀況

另一方面，有時即使無涉於情緒，的確也有無法放下的業務。為了排出時間進行身為領導者的工作，這時候應該做兩件事。

- 在一天之中安排「思考」的時間
- 不獨自行動

讓我們分別來看看這兩點。

在一天之中安排「思考」的時間

面對急迫的期限默默作業這種行為會帶來某種亢奮感。對於眼前作業的專注力提升，想要排除所有阻礙因素的心情會發揮作用。

處在這種精神狀態下，一方面專注力會提升，另一方面視野會變得異常狹隘。舉個極端的例子，碰到「孜孜不倦地手工完成所有作業要一小時，不過搜尋網路五分鐘，說不定可以發現十分鐘就能做完的方法」這樣的情境，會發生捨不得花五分鐘搜尋（或是腦海中根本沒浮現搜尋這個選項），專注於投入需要一小時的作業這種情況。冷靜來看，這顯然陷入了效率不彰的思維，但當事人大都沒有自覺。

面對這種狀況有效的技巧是「在一天之中安排『思考』的時間」。雖說是思考，也不需要胡亂安排一大段時間，有十五分鐘就夠了。不管再怎麼忙碌，應該都擠得出這點時間。在這段期間，別使用平常作業用的電腦，請以客觀的角度思考自己與團隊置身的狀況、正在做的事、該處理作業的優先順序等等。

安排時間思考，可以拓展變得狹隘的視野、整理腦海中凌亂的想法。就算本來被逼得陷入「別無他法」的局面，思考後也會發現除了「不斷動手做事」之外的選項。

再加上，「思考」會使腦海中模糊的念頭形成「言語」。思考就是將念頭化為言語。化為言語後，便能向他人「說明」。視情況或許原本一個人在做的事情，會變成由團隊來共同經手。

不獨自行動

無法放下的作業，實際上是什麼樣的事情呢？和團隊外的人協商、調查某些事情並製作資料，其他要列舉起來多不勝數。如果大家正獨自做這些事，請先停下來，盡可能和其他人一起行動。去協商時「帶一個人擔任會議紀錄」，製作資料的話「至少分出一頁找別人製作」，如果有困難就「至少找人製作要放在那頁資料上的素材來源」。

大家或許會覺得自己沒準備好的話，無法透過該作業具體地傳達某些訊息。儘管如此，在這樣的合作過程中，即使只是小事應該也能傳達給對方，隨著次數增加，將在對方心中確實地累積某些經驗。

而且，對方說不定會引出某些我們無法傳達的東西。為了實現這一點，你必須告訴對方對於一起行動抱著什麼樣的期待。

透過培養更多人學會本來只有自己能處理的作業，可以慢慢地將時間分配到領導者本來的工作上。

團隊管理的做法

「協調型」領導者

控制型領導者的極限

團隊的方向大致可分為兩種。一種是領導者仔細地管理、監督成員們的作業，要求他們絲毫不錯地按照指示行動的團隊。如果團隊的任務僅由單純作業的累積達成，工作完全不要求成員的獨特性與創造力，那麼這樣也是可行的。在這種場合需要的領導者，是獨自展望整體發出適切指示，所謂的「控制型領導者」。不分工作內容，當以前是優秀選手的人成為領導者，渴望自己掌控一切的心情會占上風，往往想成為這種類型的領導者。

可是，這種團隊在試圖處理單純作業以上的事務時會出問題。首先是負擔集中在領導者身上，造成瓶頸。領導者要做的事情不斷堆積，會出現因作業完畢卻沒得到領導者下達新指示的成員。從成員角度來看，光是按照命令行事，工作動機絕對不會有多高，沒抱持著動機投入工作也不會有所成長。結果將會不斷重複粗糙的作業，也不太可能會迎來成員的表現超越領導者期待的那一天。這麼一來，領導者必須考慮的事務無法減少，構成負面循環。

再加上，如果領導者的指示出了錯該怎麼辦？我不認為這種團隊內有培育出檢查指示加以修正的自淨作用。團隊會朝著領導者指示的錯誤方向筆直前進。

即使解決了所有這類問題，專門處理固定重複作業的團隊，缺乏適應變化的能力。考慮到現今環境變化之劇烈，這跟我們應設為目標的團隊方向並不相同。

服務型領導者的登場

那麼，我們應該以成為什麼樣的團隊為目標呢？一言以蔽之，是每一名成員自主思考，衡量整體的最佳情況並向目標邁進的團隊。所有人都瞭解應該達成的目標，自主思考為達目的應該做些什麼，互相商量並邁向目標的姿態，才是本書設為目標的團隊。

在那樣的團隊中領導者該盡到的角色，和控制型領導者有明顯的差異。需要發揮的領導力是分享目標並尊重成員的多樣性，透過溝通統整全體的意志向前進。這種與團隊攜手並進的領導形象，在20世紀後半由羅伯・格林里夫（Robert K. Greenleaf）提倡出來，稱作「僕人領導者（Servant Leader）」*1。他宣言優秀的領導者要先被看成僕人

（Servant），必須是基於那份信賴獲選為領導者的人物。在作為僕人的性質上，他指出了「先傾聽對方的發言，試著理解」與「接受對方產生共鳴」。舉例來說，經營者的職務並非販售更多商品或服務，而是培養自律的優秀人才。而企業的業績，是這種優秀人才抱持著高度動機投入工作的結果。

這種服務型領導者的形象，對日後的領導理論造成很大的影響。到了現在，「默默地聽話照做」這種工作方法漸漸普遍被視為過時的思考方式。經營態度提倡「重視員工每個人的成長」的企業也不少見。僕人領導者正是實現這類理念的領導形象。

在筆者的本行系統開發方面，也不是單純地做出能運作的東西就行了，免不了要配合系統的開發建立運用系統的團隊。若不是理解系統，又能自律、自主行動的團隊，沒辦法長期維護並逐步改善系統。

＊1　羅伯・格林里夫著《僕人領導學》（中文版由啟示出版，二〇〇四年）

迎向危機的僕人

對於成員們會自律、自主活動的理想團隊來說，把工作交給團隊，不插手干涉的才是理想的領導者。可是，陷入負面螺旋的團隊又是如何呢？把事情交由成員主體性處理的做法，有辦法改變現狀嗎？

答案是否定的。想要讓自律性與自主性在團隊內扎根，領導者必須積極地推動團隊。這代表領導者必須配合團隊狀態來改變發揮領導力的方法。

處在負面螺旋中的團隊總是忙於處理作業與每天發生的問題，為了應對眼前的具體工作，需要具體指示的情況並不少見。若只是單純停止給予指示，會導致團隊崩潰。然而就算這麼說，純粹的控制型領導者別說是脫離負面螺旋了，只會害情況更加嚴重。

要脫離負面螺旋，需要如同前面所述的「捕得足以供團隊食用的漁獲，同時教他們釣魚」。也就是最大限度地引出成員能力，並思考怎麼讓他們學習，同時達成眼前的任務。為了實現這一點，有必要在服務與引導上達成巧妙的平衡。而這也就是本書的目標——「協調型」領導者。

敬意與規律的團隊管理

要兼顧「服務」與「引導」這兩種乍看之下對立的行為，思考成員是什麼樣的人就變得很重要。若把「德爾布呂克的教誨」做應用，[*2]則可以這麼說。

一是思考時認為成員具有和你一樣高的智能。

一是認為成員和你一樣懶惰。

這裡指的「智能」，是即使有不知道的事，也能逐步習得達成任務所需知識的能力。另外，「懶惰」的意思並非單純對工作怠慢，而是無法獨力持續孜孜不倦地累積努力成果。

將成員視為所謂的「懶惰的賢者」，試著一起達成困難的任務時，領導者應當注重的價值大致分為兩種。最重要的是對成員付出「敬意」，以及具備「規律」的意識。

＊2　從1969年諾貝爾生醫獎得主德爾布呂克（Max Ludwig Henning Delbrück）對於演講、論文發表的心得改寫而成。原本的發言是「一是認為聽眾完全無知。一是認為聽眾具備高度智能」。

向成員付出「敬意」

這邊所說的「敬意」，並非純粹是「不因身為領導者就高高在上」（當然，那也很重要）。這裡指稱的「敬意」是尊重成員的智能，相信只要給予成員和自己相同的資訊，他們就能推導出正確的答案。

還有，認同並相信「自己思考推導出答案」的價值也很重要。相信成員不是等著別人開口給予指示的人，就算現在看起來是這樣，那也是某些外在因素的影響，相信只要給予確實的動機，他們就會提起幹勁。

如果團隊裡有多名成員，想必有些人在領導者眼中是優秀的，有些並非如此吧。有些成員能夠自律、自主的行動，或許也有些成員就屬於所謂「等候指示」的類型。當然，那些能夠自律、自主行動的優秀成員，會成為領導者眼中可靠的對象。在心情上來說，我可以理解重視可靠對象，而對於其餘成員忍不住心懷不滿的想法。然而想作為團隊成長，那些能力與態度有些疑慮的成員才是必須關注的。

首先要充分考慮他們正試圖用與自己不同的形式找出正確答案的可能性，如果在技能與知識方面還是有問題，就必須努力地拉他們一把。

當成員看來猶豫著不知該做什麼，便指示方針提供思考的助力。或是在事情不順利時，陪成員一起做並傳授訣竅。領導者有必要累積這些具體並且腳踏實地的行動。

擁有嚴格的「規律」意識

領導者應當著重的另一個價值，是擁有比任何人都更嚴格的「規律」意識。為了使團隊的任務成功，遵守規定並在未能遵守時互相指出來的重要性，自然無需多言。

然而，若覺得成員也和自己一樣懶惰，那當然不會想做麻煩事，有時也會粗心大意。看到別人沒遵守規定就指出來很累人，想到在那之後人際關係大概會變得有些尷尬，想要用「還是算了」打混帶過的心情也不是不能瞭解。

但遵守規定是理所當然的。指出別人沒遵守規定就會造成尷尬的人際關係還能稱之為團隊嗎？對自己該做的事好好地背負起說明的責任，在沒做到時互相究責。領導者必須讓成員適應這些行動，成為團隊文化。

為了實現這一點，首先領導者有必要克制自身的怠惰心，帶頭遵守規律擺出要求他人遵守的態度。當然，如果團隊成熟，每一名成員會懂得自律行動。但在團隊尚未成熟時就宣稱「交給成員的自律性負責」什麼也不做，純粹是放任而已。團隊無法從被放任的狀態飛躍地成為懂得自律的團隊。在途中必然需要遵守規律的過程，等到每個人在心中消化與吸收規律後，才得以形成自律的團隊。

對成員付出敬意，徹底執行規律，這是協調型領導者基本的心理準備。

對成人來說很困難？遵守決定好的事

「徹底執行規律」很單純，應該人人都明白那很重要，可是想要實踐卻沒那麼簡單。讓我們來看看在徹底執行規律上必須考慮的事情。

人類並沒有那麼勤勉

「每一名成員都很有自覺地遵守團隊集體決定的事，並自然地持之以恆」。這是個理想化的美麗世界，可惜現實卻很難做到如此。遵守規定，而且還是長期遵守數週至數個月並不容易。臨時的商議、成員身體不適與陸續發生其他問題等等，妨害我們持續遵守規定的因素，要列舉起來多得數不清。而且，即使幸運地沒遇到這些阻礙，長期持續一件事本身對許多人而言並不簡單。也就是有必要思考讓規律持續下去的方法。

對成員的知識與智能付出敬意，與把他們當成懶惰的人來思考之間並不矛盾。要讓包含自己在內的懶惰人組成的集團遵守規則，當然自己必須率先遵守，還必須建立讓全員都遵守的機制。關於這一點，大家應該當成心理準備事先理解。

將行動與人格劃分看待

以下是在執行決定好的事情時弄得馬馬虎虎，無法遵守規定的團隊常見的價值觀。

- 為了尊重自由，不可以指出他人違反規律
- 為了尊重多樣性，不可以追究說明責任
- 為了維持信任關係，不可以批判有問題的行動

當然這些想法全是錯誤的。最大限度地尊重自由與多樣性，維持信任關係同時，讓規律與責任滲透團隊，發生問題就加以導正是領導者的重要工作。

另一方面，這裡舉出的「指出他人違反規律」、「追究說明責任」、「批判有問題的行動」，每一點對於受到批判的那一方來說都絕非愉快之事，指出癥結與究責的一方也得耗費不少力氣。老實說，筆者以前也在心中想過囉唆的上司「做這種麻煩事有什麼好玩的？」不過實際站在批判的立場上，讓我十分瞭解那有多辛苦。雖然會有「不必對細節吹毛求疵吧」的心情，但追根究柢還是「窺一斑可知全豹」。想省去麻煩而抱著

「算了」的想法敷衍過去，任何人都得不到好處。

而健全地進行這些行動的前提，是「將行動與人格劃分開來討論」的習慣。如果沒學會做到這點，為團隊帶來規律的所有活動都會被視為人格攻擊，導致團隊營運破裂。那麼，該怎麼做才能養成「將行動與人格劃分開來討論」的習慣？

不情緒化

一是指出癥結的一方不情緒化。覺得正在挨罵，任何人都會擺出防衛態度。這麼一來，他們會開始尋找為自己正當化的藉口，而非聽對方發言。一般而言，在人們思考著接下來該說什麼的時候，無法將對方的發言好好聽進去。於是，指出癥結的一方又因為意思沒順利傳達而感到惱怒……發展成惡性循環。事情一旦像這樣弄擰了，特別是伴隨著情緒的情況下，原本能歸納的意見也歸納不了。

任何人都有感到惱怒的時候。要壓抑情緒並不容易。碰到會引發負面情緒的情況時，坦率地表明也是一種做法。不過，對象始終要針對「行動」及其結果產生的「狀況」，別涉及特定個人的人格領域（圖1・1）。

在這樣的場面，「我想確認事實」之類的台詞很管用。技巧在於僅僅聚焦於表面的

圖1.1 討論對象始終是行動

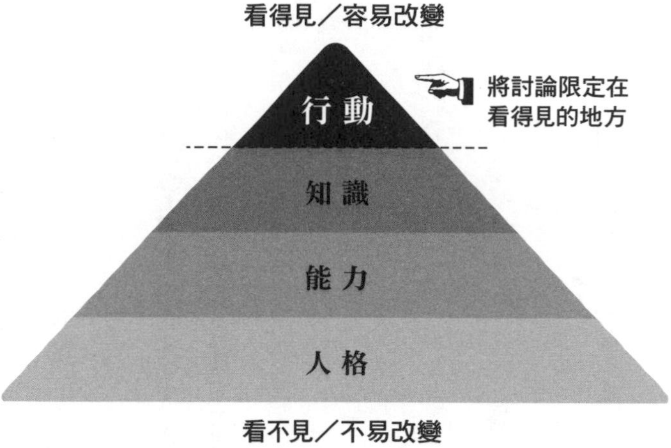

事實，不深入涉及個人能力及人格部分。

讓我再舉出一些表達方式的案例。

負面範例：那種沒有幫助的討論還要持續多久？

↓「沒有幫助」的部分摻雜了發言者的價值判斷。看起來像在責怪議論冗長的「行動」，卻令人感覺到是責怪採取這種做法的「能力」。

改善範例①：那應該要怎麼連接到下一步的動作？

↓不做任何指責，促使對方將注意力放到要求的方向上。

改善範例②：在我看來，現在看不見討論的終點了。

→完全以主觀來表達意見，因此對方沒必要擺出防禦姿態。傳達「看不見終點」的情況，不斷定「沒有終點」，期待說明得到某些改善。

「在我看來是這樣子」的表達方式，在避免情緒化衝突上有所幫助。一個人採取行動的理由，本來便只有本人知道。要避免認定那個理由是什麼，批判對方的能力與人格。如果說出自己所見的情況時自始至終都表明是主觀看法，可以避免情緒化的衝突，讓焦點放在行動上。

將基準設在外部

第二點是「基準的外部化」。意思就是「決定並遵守規則」，而非「聽從某個人說的話」。

例如，聽到有人要求「把桌面收拾乾淨」，就算桌面在自己眼中看來很凌亂，感覺也絕對不會愉快。像這樣被人當面指摘，甚至會令人產生「本來明明想整理，一被嘮叨就沒心思做了」這種孩子氣的情緒。此時，如果在牆上張貼「保持整潔」的標語海報，再指著海報唸出來，就能以開玩笑的語氣指摘「喂喂，沒做到啊」。

這種「開玩笑的語氣」是不刺激成員擺出防禦姿態的重點，在不習慣互相指出問題的組織特別重要。提出標語全員一起遵守的行為，在這層意義上有一定的效果。

凡事徹底

寫到這裡為止提及的事情，實行起來並不「困難」，只是有必要徹底地執行。關於這一點，我要引用有關團隊建立的佳作《克服團隊領導的5大障礙》[*3]中的一段話。

要成功需要的是（中略）秉持莫大的自制心與耐性實踐常識。

此處重要的是，對於每一件理所當然的事情在細節也不妥協。「像這點小事也無可奈何」這種小小的妥協，會讓人分不清容許用「無可奈何」來解釋的界線。總之，我們只能遵守每一件瑣碎小事。

這裡的觀念就是廣為人知的「破窗理論」。這是由美國犯罪學家喬治・凱林（George L. Kelling）提出，「如果放著房屋的破窗不管，（那一棟房子）就會化為無人關心的象徵，最後其他窗戶也將被全數打破」這種觀點。意思是說，要維護房子就必須保持在連一扇窗戶也沒破的狀態。

只是，這不代表要墨守成規地遵守所有規則。而是為了以團隊達成任務，對於決定「要做」的事情絕不能懈怠。在運用之際，也有一些規則適合靈活的解釋。不分青紅皂白統統放在一起「遵守規則」，感覺會備受拘束吧。

在「遵守決定好的事情」這個行動並未扎根的組織，先從「打掃」或「保持整潔」「寫日報／週報／月報」等等可以簡單做到，又看得見的事情開始實施即可。要遵守決定好的事情，重點在於當成習慣。

反之，對於在進行任務上並非必要的事情，決定「以後不做了」而中止也無妨。但不應該是不了了之，要舉行正式的中止儀式。「做決定好的事」、「沒有必要的事情就決定不做」，像這樣做出選擇很重要。

*3　派屈克・藍奇歐尼（Patrick Lencioni）著《克服團隊領導的5大障礙》（中文版由天下雜誌出版，二〇一四年）

從規律到自律

針對工作的做法制定規則，安排場合讓成員們互相確認是否遵守規則，這麼做並非是要成員像機器人一樣完全按規則而動，可以說是正好相反。將工作的做法規則化的目的，是促使容易產生偏向的個人專注力與思考取得平衡，讓團隊的成果超越所有個人的成果總和。

可是，要在真正的意義上達成這種目的，光靠成員們分別遵守規則還不夠。在遵守時理解規則的意義十分重要。更進一步來說，必須視必要而定重新審視規則。在還是連工作方法也不清楚的新人時，完全按照規定做事也無可厚非，但這種表現只容許出現很短暫的期間，往後將被要求理解規則的意義並自我規範，懂得視必要而定把規則修改得更加妥適。

假如遵守決定好的規則的階段是尊重「規律」，下一步被要求的就是針對目的自行設下規則的「自律」表現。像這樣懂得自律的成員增加後，協調型領導者才能首度發揮真正的價值。

創建團隊學習

寫到目前為止，我介紹了以領導者身分率領團隊所需的基本思考方式。不過，光靠這些還不足以面對開頭提及的負面螺旋。在本章節的尾聲，讓我們來探索集結全體成員的學習成果，使團隊成長所需的思考方式。

作為個人的學習

前文提到過，想克服以「知識量的落差」為契機產生的負面螺旋，必須隨時學習新知並將知識持續推廣給團隊。在思考為了這一點該做些什麼時，首先來思考個人擁有的知識種類。

在此就以「製作給客戶看的新系統提案資料」作為具體例子。而製作資料所需的知識，可以下列舉出如下的內容。

- 對於欲提案之業務的相關知識
- 對於客戶內部情形的相關知識

●關於適切資料製作方法的知識

這些知識性質各有不同，有些可以透過書籍等媒介學習，有些只能花費時間漸漸習得。讓我們逐一檢視它們的性質。

外顯知識　～化為言語的知識～

第一種是「外顯知識」。正如字面所示，外顯知識意指以可見形式表現的知識，即「化為言語的知識」。

舉例來說，想建立會計管理系統，當然需要系統相關的一般知識。再加上也不能缺少對於會計管理這門業務的知識。這些知識當中包含了一些只能從實際接觸該業務的經驗學到的部分。不過，有許多知識透過手冊和一般可以取得的書籍也能夠理解。

如同這般，以手冊和書籍等形式共享的知識就是外顯知識。這類外顯知識並不僅限於「何謂會計管理」這種用語及概念的說明，像是「會計分錄業務步驟指南」這種用來幫助有效率地處理業務的訣竅，只要以類似步驟指南的形式明文化，就算在外顯知識的範圍內。

由於構成具體的形式，外顯知識在傳達上可以有計畫地進行。當然，若該傳遞的外顯知識量較多，必須花時間準備一定程度的教育流程。許多組織都採用研討會等形式，準備了把最低限度的所需知識傳遞給成員的機制。

內隱知識 ～未化為言語的知識～

第二種是「內隱知識」。內隱知識是與「外顯知識」相對的詞彙，指「未化為言語的知識」。

內隱知識也有階段之分。從「平常沒意識到，但被人問起就會化為言語的知識」，到「置身於特定狀況下才首度意識到，沒在那個狀況中歷經艱辛就無法用言語描述的知識」，範圍極廣。

這種內隱知識，由於跟本人的經驗關係密切，要傳達給沒有相同經驗的人並不容易。以上述例子來說，「對於客戶內部情形的相關知識」多半包含內隱知識。類似「這個消息在告訴A先生前，得先知會B先生，否則關係會鬧僵」這樣的知識，就算是有經驗的人也得等到碰到那個狀況時，才能在當下採取適切的行動，有時無法事先整理傳達給他人。

由於內隱知識並未化為言語，沒辦法明確地傳達。「用實際的工作經驗學習」這種做法，也帶著希望成員以自己的方式學會這類內隱知識的期待。

技能 ~融入身體的知識~

外顯知識與內隱知識的重點在於「是否知道」。相對的，第三種知識「技能」的重點則是「是否做得到」。依人而定，或許有些人覺得把技能稱作知識有些怪異，不過從灌輸到身上的知識這層意義來說，我將技能定義為「融入身體的知識」。

用前面的例子來說，「關於適切資料製作方法的知識」包含了許多技能要素。例如製作投影片時，假設你知道「一頁應該放一個訊息」這項內隱知識。但光憑這個做不出簡單易懂的投影片。該用什麼方式組織訊息？該怎麼把訊息歸納在一頁內，讓對方容易理解？製作時必須解決這些具體的問題。

解決這類問題，統整出內容適切的投影片的能力，便是此處所說的技能。技能通常是花費時間反覆去做「知道」的事情，練到「做得到」。練習到做得到為止所需的時間因人而異，也未必能做得一模一樣。

透過語言讓個人的學習轉化為團隊的學習

我們看到了在個人心中「外顯知識」、「內隱知識」、「技能」這些知識型態。其中能與人分享的只有外顯知識。「交給會做的人處理」這種價值觀，將使內隱知識與技能僅僅累積在會做的人心中。擺脫那種狀況的第一步，是把個人心中的內隱知識轉化為外顯知識。

將個人的內隱知識轉化為外顯知識

將個人的內隱知識轉化為外顯知識的武器是「語言」。將內隱知識化為言語後，才能作為外顯知識與團隊共享。可是，將內隱知識化為言語並不容易。因為像內隱知識和技能這種，只是為了自己學習怎麼工作的知識，沒有非得化為言語的必要。可以說正因為是各種工作都能自然做到的優秀人物，才顯得更為困難。

更何況，將內隱知識轉化為言語，也不是只要意識到就辦得到的事。因為無法用一句話說清楚，內隱知識才會是內隱知識。就像有人拜託我們用一句話說明平常工作的「訣竅」，大家不也會難以回答嗎？將感覺化為言語本身是種需要訓練的技能。

想做這樣困難的事，需要第三者的協助，提供這方面的助力也是領導者的重要工作。看到成員的工作狀況，詢問「那件工作你做得很好，有什麼訣竅嗎？」或是「該怎麼做才能做到那種事？」藉此讓成員萌生「這是什麼？／為什麼？」的疑問。想要回答這個問題，只能尋找言語描述。這麼一來，會促使成員說出某些話來。一開始可能是「首先我會掌握整體情況」，「意識到接收者的情況，為預期會被問的問題做準備」等抽象又普遍常見的答覆。不過，這樣很好。深入挖掘地問「所以說，是這樣做嗎？」會漸漸找出雙方都能理解的共通語言。內隱知識就是這樣轉化為外顯知識（圖1．2）。

讓團隊的語言變得豐富

介紹一句山本五十六關於人才養成的名言吧。他說：「做給他看，說給他聽，讓他嘗試，給予讚美，才能帶動

圖1.2 外顯知識與內隱知識的循環

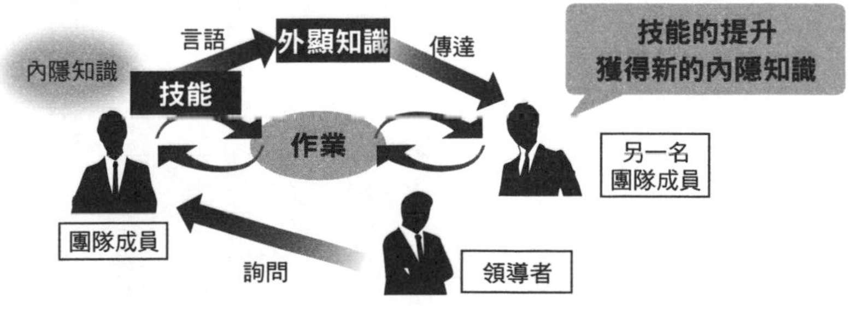

人。」此處重要的是「讓他嘗試」與「說給他聽」。

不是突然叫人去做，要先做給他看。並非「邊看邊學」，而是明確地用言語描述工作是怎麼回事之後，再使其嘗試。為了這麼做，領導者必須先行掌握事情該怎麼做才好、代表什麼意義。

這並非一朝一夕能做到的，必須意識到把知識化作言語逐步累積。像這樣反覆做著「把不成言語的知識化為言語」的行為，會使團隊的語言漸漸變得豐富。

另外，這種行為並非只限一次就結束。得到外顯知識，看待情況的方式也會改變。於是，成員的內在配合變化產生出新的內隱知識，接著再重複將內隱知識逐漸化為言語的循環。團隊便能透過這樣的活動不斷學習。*4

就像這樣，隨著語言豐富的體系以看得見的形式完成，新加入團隊的成員也能立刻迎頭趕上。「化為言語」同時也是在修築讓後來的人能通行的道路。

領導者最終該做的事，是「建立就算自己離開，也會自律、自主運作的團隊」。不必聽從某人的指示行動，而是以共享的語言為中心運轉，正是協調型領導者應視為目標的理想團隊狀態。

＊4 關於外顯知識與內隱知識的往返與學習過程，參考《創新求勝——智價企業論》（野中郁次郎、竹內弘高著；中文版由遠流出版，一九九七年）的ＳＥＣＩ模型。另外，本書所稱的「技能」在該書包含在內隱知識中。

第 2 章

點燃團隊

先從事前準備工作做起

上一章整理了作為領導者的心理準備。而在本章節中，我們要看看怎麼建立實際推動團隊所需的計畫。

只是在建立計畫推動團隊之前，必須先做兩件事前準備工作。一是整頓工作結構，另一項則是形成團隊文化。讓我們依序來看看。

整頓工作結構

在工作時，成員之間要傳遞成果，同時彼此溝通。團隊內部要達成這樣的合作關係，就必須做到以下的動作。

設定角色

在團隊工作上，重要的不是「由誰處理？」而是「由什麼角色的人處理？」這種思考方式。把作業跟人連結在一起，作業範圍將取決於那個人的能力。因為沒有人可以做到一模一樣的表現，將導致作業個人化。面對這種情形，定義「角色」並把作業和角色連接起來，不僅容易交接，要分工也容易得多。

設定這類角色時有兩個重點。其一是使個別的成果組合起來時向正確的目標邁進。當作業展開後，每名成員會分別專注於自己的角色，因此必須在一開始就確認整體是往正確的方向前進。而另一點是每個角色會交換彼此的成果，要適切地規定在完成到什麼程度交換、用什麼方式交換比較好。藉此避免收到的成果完成度不夠，導致作業無法順利進行的情形發生。

確認溝通的基本

團隊工作說到底是建立於負責各種角色的成員之間的溝通上。其中特別重要的是，委託作業的一方與負責作業的人為了達成某些成果展開的交流。這些交流有時是口頭上的，有時以委託書之類的文書來進行，不過基本上該做的行動已經決定了（圖2．1）。

第一個步驟是「約定」。從委託者告訴作業者希望他做些什麼，在作業者同意內容後開始。在這階段，有時也會針對內容詢問更詳細的訊息，或提議其他更適合該目的的作業。

下一步是「確認」。作業者提出臨時進度報告，向委託者確認作業內容是否與自己所理解的相同無誤。若是馬上能完成的簡單作業，也可以省略這個步驟。不過，為了減少最終成品與委託人預想有出入的風險，最好還是要進行。

最後的程序是「收取」。作業者向委託者報告作業完工，委託者通知作業者結果沒有問題。到了這時候，一項作業才算完成。如果出現問題則必須退回重做，再返回「約定」階段。

如果是一對一委託某個人作業，會自然地用這種流程來處理事務吧。可是，當工作變得複雜一點，這個流程馬上會被忽視。舉例來說，請試著思考A

圖2.1　委託者與作業者的關係

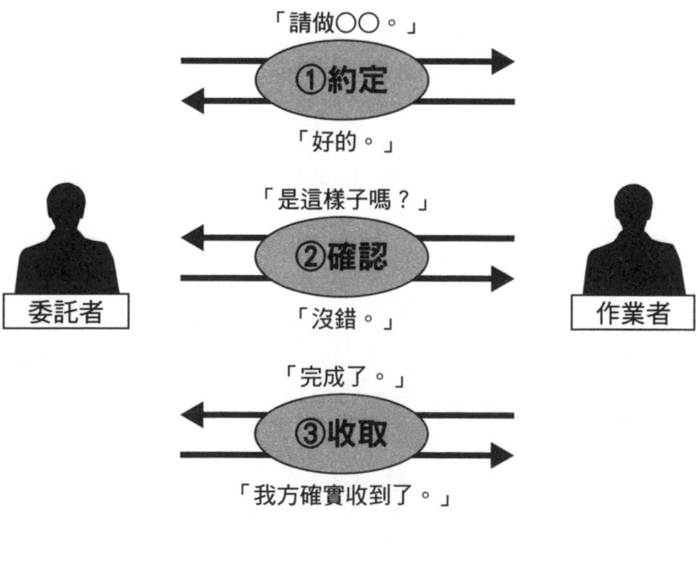
「請做〇〇。」
①約定
「好的。」
「是這樣子嗎？」
②確認
「沒錯。」
「完成了。」
③收取
「我方確實收到了。」
委託者
作業者

表示「這是C委託的事情，可以請你來做嗎？」來委託B的情形。此時，當B向A確認作業內容並把成品交給C，成品很可能與C的要求有出入。真正的委託者是C而非A，做確認的對象必須是C。要意識到這樣的基本觀念，來整頓團隊的溝通做法。

形成完成文化

一般而言，團隊會被賦予某些任務，其中應該包含了達成該任務的目的以及具體的目標。為了達成目標，團隊要團結一心地向目標邁進。如果能正確地發揮團隊合作，可以留下比起個人努力的總和更優秀的成果。只是，要作為團隊團結地邁向目標需要強大的能量。

這種能量之一，就是完成文化，亦即在達成任務這件事上發現價值的文化。換句話說，是能讓每一名成員想主動為達成目標而努力的環境。如果沒有這種文化，那麼最初的課題就是該如何形成它。

保持能夠持續的平衡

或許有很多人覺得「既然是工作，向達成任務努力是理所當然的」。然而，當組織長期停滯，有時會喪失為了達成目標而盡力用上所有辦法的念頭。

實際上，筆者也目睹過這種組織性的思考停滯狀態。陷入那種狀態時，比起向目標邁進，人們會更致力於暫時解決眼前的事務，不過這樣無法得到成果。而且認真處理眼前的工作時，還會感到「即使竭盡全力去做也不順利」，使得倦怠感在組織內蔓延。

另一方面，也有只顧著注重任務的達成，導致高負荷的長時間勞動化為常態的案例。即使成員們覺得工作很有成就感，還是會感到疲憊不堪。我也見過過度追求眼前的成果，卻完全忘了該對流程下工夫，心態變成「只要有做完怎樣都行」的組織。而形成自主性的正確答案，位於不極端倒向「放棄」與「強行蠻幹」其中一端之處

圖2.2 平衡感

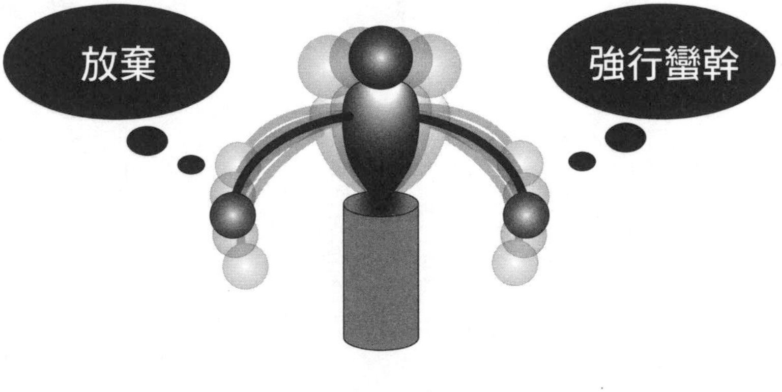

（圖2．2）。具體內容如下所示。

- 保持可持續範圍的負擔，思考達成目標所需的事情，盡可能地用上所有方法
- 如果看來無法按照預定計畫進行，就討論替代方案，盡快做出調整

但是，當這種平衡感並未根植於組織內，成員的態度各有不同時，視情況而定，將會造成情緒化衝突的原因。這種平衡感必須由領導者創造出來。

此時，如果組織容易倒向「強行蠻幹」的極端，可由領導者踩下煞車。問題在於擺脫「雖然放棄了，仍敷衍了事地做點事應付」這種狀態。

當然，重視成員的自主性，告訴成員團隊承接的任務對公司以及社會的意義，讓他們理解是身為領導者重要的工作沒錯。不過在那之前，必須先讓達成任務本身的價值，作為團隊的文化滲透成員們心中。自主的團隊不會憑空產生，那麼，該怎麼做才好？

用語言的力量讓文化滲透團隊

上一章也談論過語言的表達，要在團隊內共享價值觀、創造文化時，果然關鍵還是在於語言。

具體做法，是用容易理解的言語表達團隊應具備的價值觀，並執拗地重複那些話、指出那些違反價值觀的行動。下面列出筆者平常使用的句子，作為這類言語的範例。

約定做出成果／努力遵守約定／一發現未能遵守時就坦白說出來

決定事務／遵守決定好的事／在未能遵守與沒必要遵守時，取得相關人士的同意，做出中止的決定後停止

這些話重視的是以約定及規定為優先，而非順其自然地發展，或只是莽撞冒失地埋頭努力。

促使成員自主行動的，正是「做了約定就要遵守」、「因為決定好了就要遵守」的心情，而非聽從領導者的指示。當然，也不可以忘記領導者要率先遵守這些約定。

另外，這些活動不會立刻展現效果。唯有每天溝通，花費一段期間累積細微的成功經驗才能夠達到。領導者需要具備持之以恆的耐心，來處理這些難以看見成果的活動。

制定計畫的思考方式

完成事前準備工作後，終於要建立推動團隊所需的計畫了。我們依序來看在制定計畫時應該考慮的事情。

掌握任務的整體情況

即使團隊具有完成任務的文化，若不能正確地理解被指派的任務，將會往錯誤的方向前進。一旦課題設定出錯，後來的努力全都會白費。

為了避免白費力氣，事先針對任務的整體情況做整理很重要。如果試圖只靠領導者來整理，無論如何都會發生疏漏。請找來團隊全體成員一起思考。

釐清最終目的

一開始該掌握的重點，是「做這件事是為了什麼？」工作的價值不是動手做事，而是其結果產生的事物。所以，要釐清「最終必須達成什麼？」

掌握多個任務的結構

團隊被指派的任務通常不只一個。為了面對多個任務，適當地分配管理「人力、物力、經費」資源，釐清任務之間的關係是不可或缺的。這時候，「優先度」與「相依性」便成為關鍵。

就算建立了同時推進所有任務的計畫，有時候在進度上顯然無法按照預定進展。碰到這種情形，必須分清楚哪些任務可以中斷或延後，哪些不行。

比方說，假設現在必須建構A與B兩個系統。如果在經營上A比較重要，在A快要延誤時可以考慮暫停製作B系統，將相關人員與成本轉而投注給A系統。然而，如果有著「必須先發行B才能夠發行A」的限制，那兩者都不能放棄。

請掌握多個任務之間，在面對最終目的時具有什麼樣的關係。

看清楚與利害關係人之間的關係

在實際任務當中，幾乎沒有僅限於團隊本身就能完成的。任務成果產生的效應，會影響到經營團隊與其他部門，視情況而定，影響還會擴及公司外的顧客。如此一來，每當在途中做決策時，都必須與將因此受到影響的對象磋商調整。

包含「該對誰以什麼方式信守承諾？」的決定在內，這些調整工作需要花費很多時間與工夫。等到必須做調整的情況發生後才考量容易有所遺漏，成為導致預定計畫大幅延誤的原因。為了避免為時已晚，在經手任務前要先釐清對於什麼樣的事情，需要向哪些人做出什麼樣的調整。

在考慮需要調整的對象，也就是利害關係人之際，連帶地一起釐清哪些事情可以自行決定，哪些事則需要請上層裁示（圖2・3）。請留意別被上司責怪「為什麼自作主張進行？」而引起風波。

圖2.3　利害關係人

釐清「不做什麼事？」

「不做什麼事？」和「做什麼事？」同等重要。其實，「決定要做什麼事」同時也是「決定不做什麼事」。因為即使試著把要做的事情用文字列出來，也無法全部說完。

就算想要不做多餘的事，只按寫出來的事項來做，實際上非做不可的事務卻會因為種種關係增加。當介於該做與不該做之間灰色地帶的事情出現，若只決定了要做的事將無法判斷。如果以大致的方針標明不做哪些事，針對灰色地帶即可判斷「根據這個方針，這不用做」。定義了不做哪些事之後，要做的範圍才會明確。

這些明確列舉的「不做的事」，要與相關的利害關係人取得共識。如果疏於形成共識，會發生「團隊本身沒打算要做，對方卻認為你們會做」的認知差異，這是造成失敗與延誤的重大原因。

認識現狀

理解任務後，下一步該做的是認識現狀。請注意此處必須時時對照目標來掌握現狀，而非主觀認知。

讓我用例子說明。請想像有個「裝了半杯水的杯子」。僅憑這個資訊，認知會因人而異。

- 杯子半滿
- 杯子半空

「杯子半滿」這個描述，包含了「保持現狀即可」或「必須減少水量」的現狀認知。另一方面，描述為「杯子半空」的人，心中應該想著「必須加水」吧。如果沒有其他任何資訊，兩個認知都稱不上正確，成了單純的心理測驗。

不過在此處加上「杯中的水必須維持八分滿以上」這個目標如何？先不討論達成目標的手段等等，至少眾人應當同樣會有水量不足的現狀認知。

在現實世界中，事情會更複雜一點。因為除了對照目標測量足夠與否的量化數值之外，還摻雜了「我一路走到現在吃了很多苦」這類感情論。人類是感情的生物，因此純粹著眼於不足的討論，會造成一路以來歷經艱辛的人牢牢地封閉心房，激起反作用，無法坦率地接受現狀與目標之間的落差。

再加上，還有另一個重要因素導致讓現狀認知保持一致的作業變得困難。那就是對於目標的意識差異。那是一定要實現的？還是努力的目標？若是模糊不清，在作業過程中，最終目標會在不知不覺間從「該做的事」替換成「做得到的事」。

以對目標的認知保持一致為前提，對於至今為止的過程表達充分的敬意，並互相確認從今以後非做不可的事項。這就是認知現狀。

思考步驟

接著，來思考團隊為了達到目標該怎麼做。直到實際達成目標為止，具體而言應該走什麼樣的途徑呢？

圖2.4　直達目標

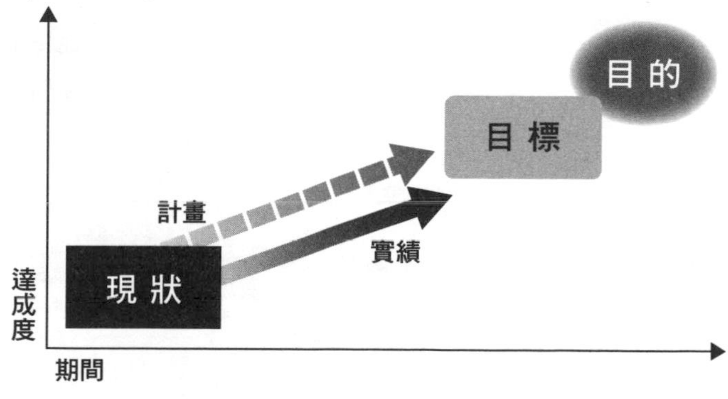

進展不如預期

設定了想要從現狀直達目標的計畫，做起來真的會那麼順利嗎（圖2・4）？

舉例來說，像是「在前方十公尺有個與視線同高的籃框，不管用任何手段，只要將手中的籃球投入籃框即可」，這樣的目標不需困難的計畫，只要走到籃框旁邊把球放進去就行了。若是這件事，可以按照一開始的計畫直達目標吧。

可是，如果籃框位於一公里外高一百公尺的地方又是如何呢？就算能走到籃框所在位置下方，要克服一百公尺的高度看來需要某些計畫。

假使建立了計畫，事情按照計畫發展的可能性有多少？基本上，與目標相關的人越多、直到達成為止的期間拉得越長，目標和命中點（實行結果達

圖2.5　與計畫的誤差

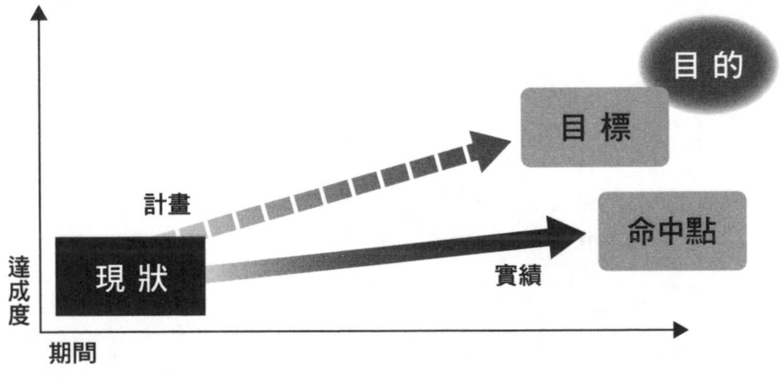

到的位置）誤差就會越大。這代表著在一開始建立計畫後，便直接通往目標的做法受挫的可能性會提高（圖2・5）。

那麼，究竟需要什麼樣的計畫呢？

控制風險

讓我用資訊業界經常運用的圖形「不確定性錐區」[*1]來介紹因應實際狀況與計畫誤差的方法（圖2・6）。

不確定性錐區顯示了計畫隨著進展，與當初預估值之間的誤差逐漸收斂的狀態。

據說在最初的構想階段，與估算值之間的誤差最大可高達四倍，這代表計畫存在著那麼多的風險（不確定因素）。若是重複過去實行計畫的經驗，不至於包含如此高的風險。不過

圖2.6 不確定性錐區

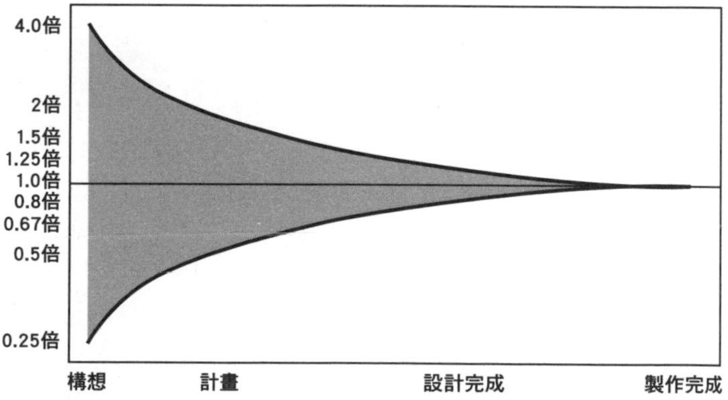

若想根據過去類似的經驗推測，並處理新事物，將會摻雜大量無法完全排除的風險。

另一方面，到了接近完成期限時還處在「不知道何時才做完」的狀態會非常困擾。為了面對這種風險，必須盡可能在早期階段思考排除最大風險的方法。除了事先釐清有怎樣的風險存在、該如何因應之外，還有必要設置幾個檢查點，來決定在哪個階段處理哪種風險。

總之，一開始應該建立的計畫，是在什麼時機通過什麼樣的檢查點並抵達目標這種大致上的流程。此時重要的是，若在各檢查點有可能發生與期待相異的情況，要先行納入考量中。

在工作時經常會發生出乎意料的情況。盡量設計能按照預期進行的計畫是當然的，但關於有可能不符期待的部分，要事先安排好「B方案」。當然，連細節和可能性低的狀況都一一設想會沒完沒了，不過特別是團隊無法控制、需要對外部組織做某些調整的案例，有必要事先加以研究。

建立計畫，實際開始執行後，直到檢查點之前都按照最初的計畫踏實地進行。到達檢查點時，必須確認自己當前所在的位置，核對從那裡到目標是否正按照預定計畫進展。這種考慮到大型計畫與檢查點來邁向目標的方式，如圖2・7所示。

在檢查點要確認實際狀況與計畫的出入，做出修正。簡單來說，修正方法只有減少總量或是增加每時間單位的生產量。以下試著列出可想到的增加每時間單位生產量的措施。

- 更改負責成員的作業優先順序，增加可用的時間
- 排除降低作業效率的因素
- 增加成員人數（但是在教導業務做法期間，生產效率有可能下滑）

雖說有修正輔助，如果計畫完全走錯了方向就會超出可駕馭的極限。因此最初

圖2.7　通過檢查點向目標邁進

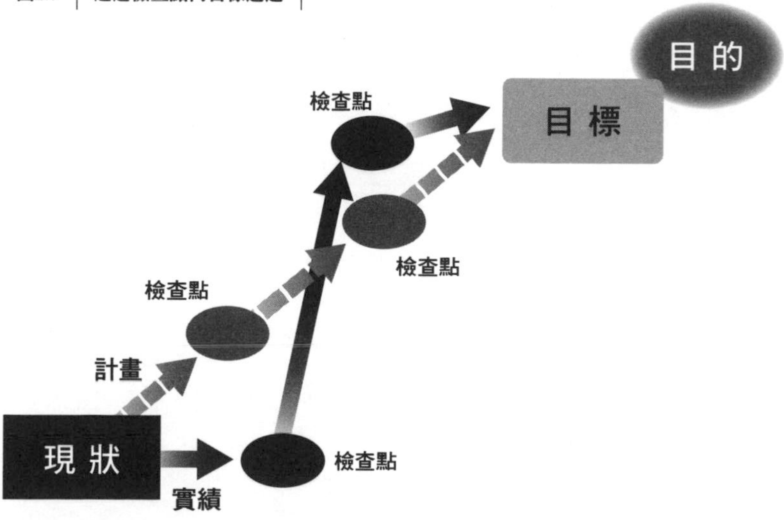

的計畫，必須在成員之間有著「這麼做行得通」的共識。

那麼，我們來看看團隊一起建立計畫時必須注意的事項。

＊1　邁克・考恩（Mike Cohn）著《Agile Estimating and Planning（暫譯：敏捷軟件開發實踐：估算與計劃）》。

團隊的計畫由團隊來建立

分享目的

把工作交給成員時，你會怎麼叮嚀？比方說，希望成員幫忙製作資料的時候，如果看見有人這樣交代感覺如何？

「請用這個範本製作一頁資料。參考X這本書上的圖片，直排配置圖片與文字，條列內容請列A與B與C。交出期限為Y日Z時。」

指示內容具體又明確，期限也很清楚。交辦工作的人多半會得到接近期望的成品。像這種「具體傳達希望對方做什麼」的指示方式，有時很管用。

例如希望對方做的是單純的作業時，下達這種指示沒問題。若只是希望對方動手做出接近自己想像結果的成品，指示越具體越好。或者是作為教育上的考量，要對方根據具體的指示作業本身即為目的時也是如此。對於這一類作業給予適當的指示，是作為領導者必要的技巧之一。

不過，當目的範圍較廣、複雜度增加，這種指示方式將面臨極限。把設定達成目標所需的課題，分解為具體步驟的作業全部交給一個人負責工作量太大了。若想成為協調型領導者，必須和成員共享根據目的該做什麼的「思考」過程。

意識到共享的階段

那麼，在逐步檢視「和成員一起思考」之際，首先讓我們來確認事物的共享階段。關於這方面有多種看法，此處用下列四個階段來思考。

- 目的共享
- 目標共享
- 課題共享
- 程序共享

「目的」是指「終極想做的事情」，為具體目標賦予「理由」的事物。

「目標」是指為了目的具體上該達成的事。舉例來說，某家工廠決定「為了對抑制地球暖化有所貢獻，要把二氧化碳排放量降低30％」。此時「為了對抑制地球暖化有所貢獻」是目的，「把二氧化碳排放量降低30％」則是目標。量化且可以測量，是作為優秀目標的條件。類似「促進人才成長」這種質化的目標，達成條件不易瞭解，因此要作為課題也很困難。

「課題」是指為了達成目標該做的事。課題的設定會左右之後的工作。比方說，認為「排放二氧化碳」的原因是「機器不必要的運轉」還是「機器排放的二氧化碳量偏多」，依想法而定，之後的應對將截然不同。

最後的「程序」，是指為了解決課題、達成目的而做的事。依照上述例子，在此處便是「未使用的機器就關閉電源以減少不必要的運轉」或「採購環保機種更換機器」。

越後面的項目，具體性越高。結果，「具體上要做什麼？」變得明確，相對的實際作業者也不再有餘地思考該做什麼。因此，如果希望成員什麼也不思考僅僅動手做事，盡可能具體的傳達程序是對的。也就是跳過「為什麼要做那件事？」只要具體地告訴對方「哪件事要怎麼做」就行了。

可是，當接收者不再有餘力思考自己該做什麼，同時也就沒有餘力研究、驗證與他共享的內容正確與否。像前面提到的，如果是單純的作業（或者是控制型領導者）那樣或許也很好，不過若想作為對成員付出敬意的協調型領導者來面對困難目標，這麼做並不夠。

設定課題，一起驗證

一般來說，領導者最先面對的是「目的」與「目標」。有些是由經營團隊提出的、而有些是領導者自行設定的。對於目標做到適當的課題設定是領導者當前的角色，而這個活動該如何進行，則是下一個主題。

可以想到的方向有兩種。也就是領導者獨自設置課題，或與成員一起設定。

像前面提到的，由領導者獨自設定課題，成員會無法正確地接收。如果希望收到成員提供「這樣修改不是更好嗎？」的建議，有必要暴露自己從目的到程序的思考過程，展現供對方驗證的態度。

另一方面，與成員共享目的與目標，在設定課題時也和成員一起進行會如何呢？乍看之下，這似乎是作為協調型領導者適當的做法。可是，能夠體察經營團隊在目的與目標背後意圖的，實際上只有接觸經營團隊的領導者而已。採取這種方法，有必要把經營隊的意圖，以自己的方式仔細說明，讓成員和自己的知識水準達成一致後再開始思考的步驟。這麼做不僅花時間，要達成共識看來也很困難。因為適合邁向目標的道路不只一條，最後要從幾條路線中擇一。

另外，全體成員一起設定課題時，多數決是最糟糕的方法。雖然看起來像是全體所做的決定，結果卻會造成責任的歸屬模糊不清。如果想以領導者的身分對團隊任務盡到最終的說明責任，比起任何人，領導者本身必須先認同課題設定的整合性與一貫性。

這麼一想，就會在兩者之間尋求正確答案。也就是領導者考慮到自己體察到的經營團隊意圖，自己先進行課題設定，然後與團隊共享包含「我為什麼這麼想？」「對哪些地方感到苦惱？」的想法。先由自己進行課題設定這項作業，是領導者本身率先對整合性與一貫性找出可以接受的答案的必要工程。

只是，這個課題設定是否應該獨自進行，不找任何人商量呢？並非如此。與經驗老道的成員個別談話，聽取他們的意見很重要。此時，請在理解那些成員個別的價值觀，也就是重視什麼、如何看待事物的前提上展開對話。

每個人都依據自己的價值觀，分別有自己的正確答案。請注意盡可能從多種角度掌握事物，尋找正確的道路。

帶頭領導需要的特質

「暴露思考的勇氣」與「接受自己出錯的謙虛」

如同到目前為止所提到的，協調型領導者在許多情況下都必須先自己指出道路，徵求成員的意見。這種做法需要勇氣與謙虛。

首先是關於勇氣。在指出團隊的方向時，如果不向成員展示自己為何那樣想，成員會難以判斷對錯，因此也無法指出錯誤之處。或是快被指出錯誤時，留有找藉口的餘地。簡單來說，猜拳如果不先出拳，就可以靠晚出一直贏下去。

另一方面，先行全部展示自己的思考過程，被指出錯誤時會變得毫無防備。這次換成成員有反駁的餘地，結論導向是領導者出了錯的情況想必也很多。為了不讓團隊走上錯誤的道路，這是非常好的事情。如果不對暴露自己的思考帶來的價值有所自覺，抱著接受反駁的勇氣，就無法走上這條路。

這和第二個特質謙虛也關係密切。當成員提出反駁，形成是領導者自己出錯的結論時，作為協調型領導者必須欣然接受這個結果。作為領導者的「引導」，以及作為僕人的「服務」這兩種乍看之下矛盾的行動在這個地方融合了。對自己是犯錯的人這件事有所自覺，在出錯時坦率地承認錯誤，這種謙虛是必備的。

面對動搖的心態

無論勇氣或是謙虛都是心理的問題，靠道理很難解決。就算暴露思考是習慣的問題，聽到別人說自己很有自信的地方出了錯，會無法克制心中的動搖。

請試著回想，自己「衝動發怒」時發生了什麼狀況。正如字面意思般血衝腦門、身體僵硬、雙手發抖、呼吸變急促。思考也同樣不斷在表面打轉，開始尋找自我辯護的方法。在這種情況下，無法把別人說的話聽進耳裡，各位讀者是否也心中有數呢？

這些反應或許可以靠訓練緩和，不過身體產生這種反應本身在一定程度上是無可奈何的。最重要的是接下來的步驟。也就是別找藉口，如何坦率地接受錯誤，感謝對方。首先需要的是「察覺」自己的慌亂，就算無法克制應該也能察覺。產生自覺以後就等待情緒平息，克制住反射性的行動。

對於平息內心動搖有所幫助的動作，首先是做深呼吸還有放鬆。把空氣深深地吸入肺部，肩膀會自然而然放鬆力道。另一個意外有幫助的，是坦率地表明「我現在很慌亂」的情緒。這時候加上一點幽默的俏皮話就更好了。最後，如果想反擊對方，記得加上感謝，可以的話等到慌亂平息之後再說。

像這種面對自我心靈的方法論在近年受到矚目。例如Google公司依據正念這種冥想法開發了「Search Inside Yourself（搜尋內在關鍵字）」課程，並對外公開。*2

聽到冥想一詞，有些人或許會感覺到超自然的印象而產生抗拒感。不過，冥想未必要接受特別的訓練和課程。一天花幾分鐘在能夠放鬆的狀態下僅僅專注於呼吸，清除腦海中的雜念就夠了。這麼做對於隨時在動腦，必須持續面對情緒動搖場面的領導者而言具有意義。如前面所述，首先重要的是「察覺」自己內心的動搖。每天進行這種簡單的冥想，察覺內心動搖的能力會確實提升。

認為冥想這種行為很誇張而抗拒的人，試著從一天當中安排發呆的時間開始也是一個方法。在下班走路回家的途中也好、整理房間時、準備餐點時也無妨。像這樣「順便」做也可以，重要的是在這段期間不要從手機與電腦輸入資訊，別對正在做的事太過拚命。像這樣一邊發呆一邊任由腦海中浮現的念頭漂浮著，就能不可思議地整理好腦中的思緒。

*2 《搜尋你內心的關鍵字：Google最熱門的自我成長課程！幫助你創造健康、快樂、成功的人生，在工作、生活上脫胎換骨！》（陳一鳴著，中文版由平安文化出版，二〇一三年）

第 3 章

以團隊「正確思考」的技術

會議是否設計良好？

到這裡為止，我介紹了與成員一起思考的團隊管理。在本章中，我想針對「一起思考」這一點進一步地深入探討。

無法前進的團隊，在絕大多數情況下都具有「會議冗長」的特徵。明明有形形色色的人談論各種意見，結果卻什麼都歸納不出來。這樣的團隊，可以說不擅長一起思考。

在這種情況統整會議內容、整理議論、讓參加者的認知達成一致稱作引導。這種引導行為也是領導者重要的工作。

首先，來想想造成會議散漫冗長的原因。討論不出結論的會議原因大致相同，不是「迷失方向」就是「對議題缺乏理解」。

要決定什麼事情？

「這種會議有在朝目標前進嗎？」

如果拋出這個問題，沒有人會回答「NO」吧。參加會議的成員每個人應該都是為了做出某些決定，分別努力思考過後才發言的。

然而，明明是在一定程度上理解對方的發言來討論，會議沒有進展的景象卻不少見。為了解決這個問題，試著把「必須決定的事」稍作分解，會發現這些事意外地未經過整理。

首先，為了用團隊來解決事情，必須在「現在的情況是什麼？（現狀／前提）」、「為了什麼而朝何處前進？（目的、目標）」、「為此要做什麼？（課題）」、「該怎麼解決？（解決方案）」這四點上在團隊中取得共識（圖3．1）。

而且，若沒有正確地定義「現在的情況是什麼？（現狀／前提）」、「為了什麼而朝何處前進？（目的、目標）」，就會連課題也決定不了。沒設定課題，就沒辦法決定解決方案。可是在商務上思考某些事情時，許多人會

圖3.1　現狀／前提、目的、目標、課題、解決方案

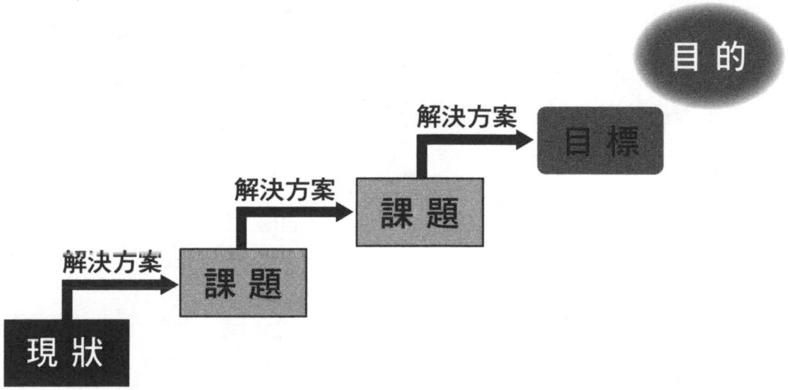

把這幾項同時一起思考。面對目的，把現狀與符合現實的解決方案放在天秤上，同時思考「哪些事辦得到？」「哪件事該怎麼辦？」，預測「這件事非做不可，但是為此需要這樣做，不過那時候會發生這種問題……」。這麼做本身未必不好，不過當同樣多線思考的人聚在一起同時談論課題與解決方案，情況無論如何都會漸漸變得無法收拾。

因此在討論快變得錯綜複雜時，需要秉持堅強的意志，在決定「以什麼當課題？」之前絕不下討論。就算道理上明白，實際上課題意識與解決方案之間的連結很緊密，再加上身為商務人士無論如何都會想要構思解決方案，會議往往會受到解決方案的討論影響。如果討論情況混亂，要隨時有意識地回到課題與解決方案的區別上。

那種「語言」對方聽得懂嗎？

傳達自己的想法與理解對方的想法，雙方使用的基本道具都是「語言」。自從我們懂事以來就用語言來溝通，不曾對此重新產生過疑問吧。然而，語言並非萬能。即使是相同的話語，聽到後會浮現的事物也因人而異，或者明明指的是同樣的東西，使用的詞彙卻不同等等，比想像中來得不方便。

靠言語無法完全描述

首先我想做一個實驗。以下會記載關於一張照片的說明。請看這段文章，試著這想像那是張什麼樣照片。本來的照片刊於本章章末（圖3・11）。

這是一張橫拍的舊黑白照片。一群接近小學生年紀的孩子和老師一起在沒鋪柏油的道路上賽跑。參賽者包含老師在內有六個人，路旁還有孩子在加油。不過這個不是普通的賽跑，而是下半身套著布袋一邊蹦跳一邊前進。從旁邊看會擔心萬一摔倒會不會一頭摔在地上，不過大家都把布袋抓在腰際免得滑落，雙腳拚命地蹦跳。

大家想像了什麼樣的照片？請確認本章章末的照片。看到這一段說明，或許在一定程度上也能得知「小孩子們在路上玩耍」還有「遊戲的內容」。不過，說明完全沒提到城鎮的情景，也就是地點在外國這件事，遠方可以望見的山巒與停在路邊的汽車、建築物給人的感覺等等。這只是把筆者認為是照片重點的部分，換個說法，就是想傳達給各位的部分挑出來做說明而已。

各位可以讓現場團隊試著做一次這種「一個人看著圖畫和照片用言語說明，其他成員邊聽說明邊畫圖」的活動。實際試過的話，我想說話的人會因為看見出乎意料之外的圖畫而感到吃驚。

在這種情況下說明需要一點訣竅。看見照片時，首先會注意到的是「雙腿套著布袋蹦跳賽跑」這種從未見過（不過看起來滿有趣的，同時也很可能有摔倒的危險）的遊戲，不過可以料到，突然說明這個部分也難以傳達給對方。我採取的手法是先說明與共享能夠產生同感的內容，再把共享的印象一點一點地修改與添加枝節。不過，就算考量了那麼多，也不確定對方是否會想像到與自己相同的畫面。

其實這種困難與開會時，光用言語來溝通的難度是相通的。如果是多年來共事的對象，在某種程度上或許可以靠心領神會來瞭解意思，但也可能因為理解不充足忽略了細節的錯誤，在之後造成重大問題。

「無論對話技巧多麼高明，想光靠言語傳達自己的想法給對方並不容易」。這是讓會議進展順利的思考前提。

思考了說明照片的方式，我認為實際上在人們腦海中的印象與點子應該近似於照片和雕像。意思是具有形體，依觀點而定有各種引出特色的方式。

相對的，用來表達影像與點子的言語，像音樂與電影一樣屬於直線性，有著必須從頭開始依序傳達的性質。基於這種性質，必須像前面的例子一樣，採取先在對方腦海中打基礎再修正或添加細節的做法。

使用口語之際，還有另一個使傳達變困難的重要因素。

那就是口語的訊息會在發出後立刻消失。只要有一瞬間想著前面的談話內容、腦中浮現對於談話內容的個人想法或分心注意別的事情，那段期間對方所說的話就會沒聽進耳中消失無蹤。而且對於發言者來說，根本無從得知對方腦海中發生了這種狀況。聆聽者若未敏銳地察覺自身的理解狀況與專注力的變化並開口反問，發言者的話語就會從聆聽者心中溜走。

不過，如果要說「那全部寫成文字紀錄就行了嗎？」事情沒有那麼單純。要寫出所有的對話內容，不管時間有多少都不夠用。討論議題時還是只能以口語為中心。那麼，該怎麼做才好？

白板是最強的搭檔

用口語表達要完全傳達訊息很困難，而且傳達之後就會消失。想彌補言語的不足，提升討論的準確度，唯一的方法是把想傳達的重點用言語之外的方式補充，並寫下來，指著文字互相確認。

白板可以說是在做這件事上最強的工具。

隨時確認目前所在的位置

在團隊討論上，有必要保持不迷失「論點」。論點是指「討論議題時作為焦點的重點」，也可以換個說法，是「產生意見衝突與產生判斷選項的重點」。當討論議題的人偏離論點，討論將無法統整出結果。在討論時有必要隨時掌握「什麼成為了論點？」或是「應該以什麼作為論點？」

在這之前有提到，「不同時討論『該做什麼？（課題）』與『該怎麼做？（解決方案）』」很重要。不過，這並非稍加意識就辦得到的事情。因為區分人們忍不住想討論的「該做什麼？」這個論點，實際在會議上一邊思考該說的內容，一邊控制討論整體的流向並不簡單。

分開論點（暫時擱置）時，重點在於要表明打算之後討論。例如在白板上寫下「該做什麼？」與「該怎麼做？」的標題，把談論的內容分別寫在兩個標題下，可以讓全體參加者的意識統一。像這樣使得全體參加者用「同一個框架」來思考討論的內容，是使用白板最大的優點。

由全體參加者來建立討論

進行複雜的討論時，經常會事先製作資料、使用投影機等器材在螢幕上播放投影片做簡報吧。記下自己腦海中的想法時，這一類資料很方便。

另一方面，在針對這樣的簡報展開討論的情況，必須另外想方法即時記錄討論內容。白板的優點之一，就是在討論中可以寫下重點。正好能夠依循前面所提到口語「直線性，必須從頭開始依序傳達」的性質，同時避免僅在口頭上討論時內容消失的問題。

把參加者腦中的想法寫在白板上，能夠將每個人在思考什麼事、或是在意哪些事情視覺化。如果只在口頭上討論，內容往往會在參加者腦海中往不同方向擴散，使用白板會使參加者較為容易思考同一件事。特別是指出白板上列的文字，能促使參加者的專注力凝聚在一點上。筆者將這個動作稱為「指認呼喚」。

白板還有另一個重要的效果。透過將彼此腦海中的想法在白板上視覺化，參加者會得到自己的想法確實被他人所看見的安心感。不可思議的是，當人們得到自己的意見被放在討論場上的安心感，就會有心思傾聽他人的意見。

當參加者腦海中的想法集結在白板上以後，下一步是歸納與整理那些資訊。配合會議的進行，用白板來追蹤逐步整理出的資訊，讓全體參加者產生一致的思考。這麼做可以達成光靠口頭討論絕對無法達到的深入探討。

COLUMN

書寫白板的訣竅

在白板上寫出清晰好讀字跡的訣竅，和寫筆記有些差異。由於白板筆的線條較粗，比起銳利的筆跡，我更推薦大家用盡可能放寬筆畫間距的渾圓筆跡。

對於不習慣在眾人面前寫白板的人來說，或許會對書寫的時間感到不安。如果焦急地想縮短寫字時間用了草書，結果會造成文字難以閱讀。在意識到盡可能減少字數精簡做歸納的同時，實際寫字時不要焦急，要細心地書寫。

在眾人面前寫字，有時會碰到想不起某些字該怎麼寫的情況。如果不習慣就會感到焦慮，但此時坦率地發問即可（「〇〇要怎麼寫？」）。以領導者的身分推進討論，自然會對其他成員造成壓力，不過只要暴露一些小弱點，有時現場的氣氛就會馬上緩和下來。沒必要勉強逞能表現自己。

無從避免的邏輯思考

用口頭討論，話題會不斷擴張，或是歪進岔路中搞不清楚原本是想要談什麼主題。這種狀態有時被稱作「空中戰」，是在調侃不踏實的抽象話題滿天飛的狀況。只是用白板做筆記，有時候還不足以避免空中戰的發生。

討論本來是由同意與反駁累積而成。無論要同意或反駁，都必須釐清「我針對哪一點有什麼想法？」，以及「理由為何？」空中戰發生的原因，是討論者之間對於這些方面的認知有了落差。讓我們來看看可以避免這種狀況的邏輯思考吧。

關於邏輯思考有兩大重點，那便是「整理整體的邏輯結構」與「語言意義的精緻化」。不擅長有條有理地說明自己想法的人，大多數在這方面都做得不夠。接著就來看看，該怎麼樣才能注意邏輯結構及語言意義並同時進行討論。

整理邏輯結構

若將討論的結構比喻為積木，整理邏輯結構就是用不會垮的方式來堆積木，使語言意義的精緻化則是讓每一塊積木變得堅固。

組合邏輯的積木

邏輯結構需要兼具適當的聯繫主張與依據的整合性，還有在必要範圍內無過無不及地論述的涵蓋性（圖3・2）。

關於整合性，要確認一個主張受到什麼樣的依據支持。在正確地聯繫主張及依據時，也需要找齊充足的依據來提出那個主張。若是對主張抱持執著，容易偏向舉出有利的依據，不過要從「這個依據推導得出這個主張嗎？」這樣的觀點來驗證。另外，聯繫主張與依據之際，要區別事物的因果關係與相互關係，注意不要誤把單純的傾向當作因果關係。

在思考涵蓋性時，重點在於「不重疊、不遺漏」。這又稱作「MECE」，名稱取自代表「彼此獨立，互無遺漏（Mutually Exclusive Collectively

圖3.2　邏輯結構的積木

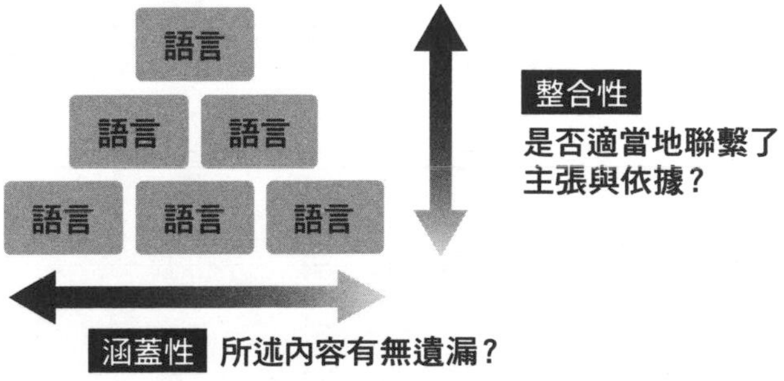

Exhaustive）」的英文字首。為了做到MECE，別把想到的東西直接堆砌起來，要根據「公司內部與公司外部」這種衝突的兩條軸心，確認是否有從兩方的角度來思考。

不只主張，還要尋求依據

一般而言，在討論時最先出現的是「主張」。不過，「依據」與「意圖」的重要性有過之而無不及。

首先，光是聽到別人的主張，雖然知道「那個人的看法是這樣的」，但無法判斷內容正確與否。別把從依據推導出主張的部分只交給發言者負責，「檢查主張與依據的關係正確與否」這個取得邏輯整合性的作業，應該由全體成員一起處理。視情況而定，也有可能發現主張與依據缺乏關聯性，主張本身需要修正。即使在這種情況，也要從「由依據累積的結果來看，導向什麼樣的結論才適當？」的觀點來討論，而非跳躍到「最終來說要怎麼做？」這點很重要。舉例來說，就算在並未對結論特別提出異議的時候，不清楚該結論是否正確的情況很常見。碰到這種時刻，以「就感覺來說大概是正確的」為前提，針對「為什麼能這樣說？」展開討論尋找依據。

以這類邏輯思考做檢查時，重要的是要更進一步，連同發言者為何那樣主張的意圖一併釐清。這麼做可以減少發言者的主張遭到誤解的可能性。因為明白他想做什麼，能夠準確地理解發言目的。另外，正確地理解「原因」，對於提出主張的當事人而言，也會產生「我受到了理解」、「他們試圖要理解我」的認同感。這種認同感在培育自主性上極為重要。

要具體討論

團隊討論時，重要的是盡可能談論具體內容。話語越具體，與聽到的人心中浮現的印象之間落差就越小。那麼，該怎麼做才能具體地討論呢？

讓我舉個例子。假設要比較X與Y兩種系統，只說「Y的性能比X更好」，看不出有多少差異。如果是指數據處理速度的話，快10秒或是0．1秒都可以說是「性能好」。把「性能好」這種抽象的形容替換成「處理△△程序用時為××秒」的數值，就能進行量化的討論。用數值來描述是最簡單易懂的具體化做法。

不過，討論的對象未必全都能用數值來表現。同樣是系統，「畫面容易觀看的程度」要數值化就相當困難。比方說，雖然用五分滿分制要全體成員打分數可以做成數據，但是這種強硬的量化得不到重要的認同感。

遇到這種情形，該做的是「詳細化」。也就是列舉依據來提升精確度的方法。畫面容易觀看的程度，除了「項目的排列順序」之外，還有「文字大小」、「色調」、「畫面切換次數多寡」等等，實際化為言語有可能提出各式各樣的觀點。再加上對於這些細項，每個人也可能意見不一。隨著深入討論，會漸漸無法光在腦海中做整理，所以在挖掘細節時一定要使用白板，避免迷失大家在談論的地方。

可是實際上，有些話題難以具體地討論。例如經營團隊揭示的任務，有不少都是包含許多意義的抽象概念。當聽到的說明內容很抽象，每個人的解釋就會各有不同。讓我來介紹對於這類抽象言語，使參加者的認知保持一致的方法。

舉例來說是什麼樣的？（示例）

處理抽象言語最管用的方法是「示例」。也就是舉出一個具體的例子，藉此讓所有人能想到同樣的事情。「舉例來說，是這麼回事嗎？」這類的問題，可以有效地引出示例。當然，需要注意「用發問引出的例子只是其中一個案例，並不代表全部」，不過在於「具體上是指什麼？」這方面，用全體成員都能做出相同解釋的形式來展示果然還是很管用。

比方說，上司指派的任務是「下個季度要致力於新人教育」。「新人教育」這個說法在此階段指涉的範圍過廣，幾乎沒有任何意義。像這種具廣泛意義的詞彙，有時稱作「big word」。

面對這個任務，可以想到詢問「舉例來說，是關於電話應對之類的社會人士基礎教育嗎？」第一個問題未必一定要正中紅心。「午餐要吃什麼？」「都可以。」「那漢堡呢？」「漢堡嗎……比起那個……」就像這樣，只要是能作為讓對話變得具體的切入點，內容是什麼都可以。

在這裡，我來介紹將充滿模糊說法的討論，用白板逐步整理的方法。當討論內容變得具體，話語會變得明確，不過數量也會增加。重點在於在白板上以畫地圖的印象，將這些漸漸增加的話語整理起來。

首先，先在白板上畫出一個大圓，為圓加上「新人教育」的標題，寫下一個例子（圖3・3）。為了和後面出現的關鍵字做區別，可以花些心思在標題底下畫兩道線等等。只要在當下取得共識，寫法不需要特別受到規則束縛。

不同的東西是什麼？（對照）

那麼，繼續在白板上填寫語言的地圖，推進討論吧。繼「示例」之後的第二點是「對照（舉出成對比的事物）」。就算談論到「這裡所指的新人教育，並非電話應對等社會人士基礎教育」，也要把關鍵字寫在白板上。

雖然使用白板，但沒把討論對象之外的事情寫上去的例子很常見，不過「不是○○」這項資訊，具有跟「是○○」同等的價值。因為「是A」這句話的意義的界線，會在定義「不是B」後變明確。如果這些部分模糊不清，會對於意義的界線產生誤解。

不過這時候必須注意的是，「社會人士

圖3.3　語言的地圖（示例）

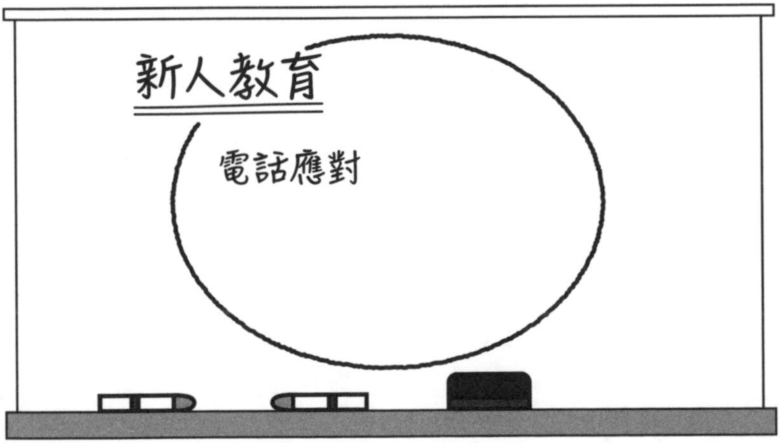

基礎教育」這個說法本身很廣泛。有可能發生「電話應對等商務禮儀教育不算在內，不過想進行邏輯思考等商務基礎能力教育」的情況。

將目前為止的資訊如圖3．4所示般整理好。圓內是「新人教育」所指的內容，外面則是對象範圍外的事物。

從何處開始到何處為止？（包含）

一個詞語在另一詞語範圍內的關係稱作「包含」。有些會完全包含在別的詞語內，有些則是僅一部分重疊。把含義廣泛的詞語重疊的樣子在白板上像地圖般視覺化，能夠明確釐清每一個詞語的定義。

再加上，一個詞語的意義範圍解釋因人而異，書寫語言地圖能夠逐步統一對這些差異的認識。比方說，似乎一部分也包含在「商務禮儀教育」內的「溝通能力」該怎麼考量？在溝通能力中，有條有理地說明事物的能力說不定包含在商務基礎能力內。不過，若是用字遣詞應該屬於商務禮儀吧。或者，有些人會認為用字遣詞不算在溝通能力內。那麼，談判技巧呢？在相關人士面前逐一確認這些問題，可以讓大家對於詞語的認識趨於一致。累積「A包含在B內但不是C」這類討論，全體成員使用的語言就能統一。

到頭來，言語本身不具備特定一種意義，只不過是藉由與其他言語的「差異」來得到某些意義。

是同一件事嗎？（等價）

同一個詞語被視為其他意義的現象，也有著不同詞語幾乎代表相同意義的相反案例。若沒有嚴格劃分使用的必要，就宣布統一採用其中一種詞語吧。

在討論時，由於當事人的意識集中在討論上，會在意些微的差異。不過，如果最終結論沒有改變，在一定範圍內視為相同意義比較有益的情況並不少見。這方面的判斷可依領導者的偏好決定也無妨。要是對兩者皆可的案例也想徵得全體意見，反倒會拖慢

圖3.4　語言的地圖（包含）

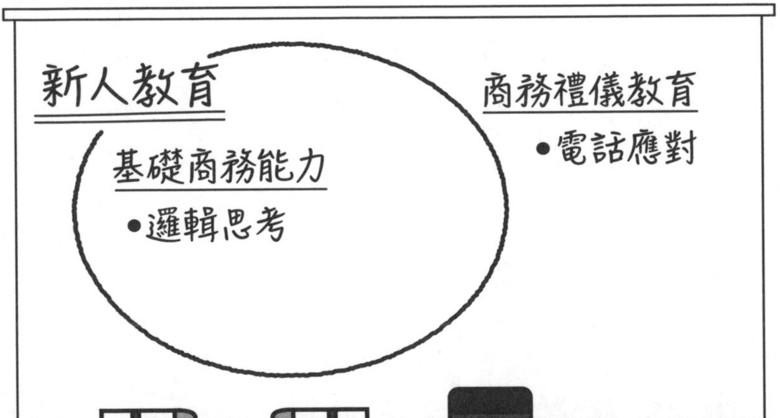

速度。不過，請別忘了顧及發言者。用這次的例子來說，可以舉出「暫時把邏輯思考與批判性思考當成同一件事看待」的判斷。考慮到這樣的討論，最終的語言地圖如圖3・5所示。

圖3.5　語言的地圖（完成）

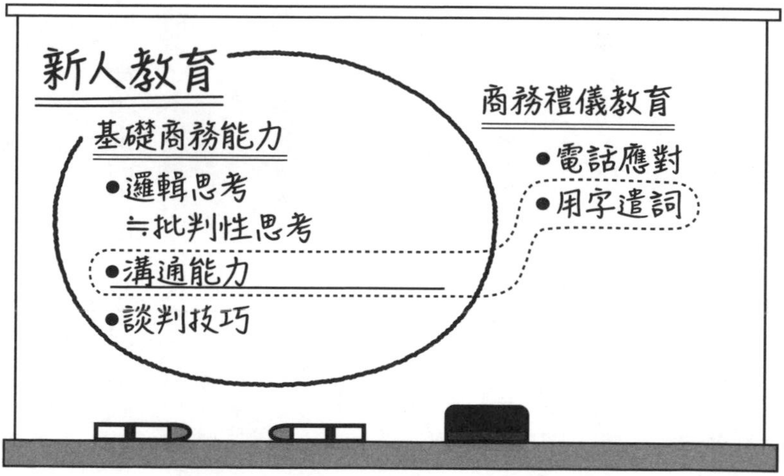

磨練圖解能力

在上一節，我說明了促使成員用相同詞語思考同一件事情的方法「語言的地圖」。但是，就像說明照片時所顯現的，用言語來傳達事情有所不足。使用白板等工具可以在一定程度上彌補那個弱點，但不夠完善。

所以在本節，讓我們來看看如何表達未能全面化為言語的事物。

用言語之外的方式表達腦海的想法

腦海中有著抽象的印象

我們並非直接看著世界本來的樣貌，而是透過一度抽象化後再做解釋的方式去理解。比方說，請大家回想平常用的地圖。地圖上標示著道路與主要建築物、車站出口等等，但並未傳達行道樹與道路是否為坡道等資訊。儘管如此，我們還是能抵達目的地，那是因為在腦海中進行著把實際所見的資訊，與抽象化的地圖做對照的作業。

這種模式在商務上也可以說幾乎一樣。我們把業務相關的各種事物抽象化來掌握，以此為本在自己腦海中建立一定的印象。請各位試著稍微回憶自己的工作。

「在工作上，你和什麼樣的人進行交流？」
「要做出大致上的判斷時，會用什麼當基準？」
「我有權裁量的範圍到哪裡？」

想要回答這類問題時，各位心中是否浮現了對某些工作的印象？但是，這些印象因為有種種要素錯綜在一起，想用言語來說明並不容易。使用圖解表達，可以順利地傳達自己（他人）心中抽象化的事物。

說到「圖解」，或許有些人會抱著必須記住許多瑣碎規則的印象，其實沒必要想得那麼困難。本章說明過的「語言的地圖」也是一種圖解表現。只要能夠簡單易懂地表達構成事物的「因素」與其「關係」，在大多數情況下都能傳達給對方。

活用圖示

向各位介紹幾種在表現因素與關係時有幫助的圖示。

關於因素，首先區分人與物，如果是物，依其有明確或模糊的定義界線來改變表現方式。（圖3・6）。

關於因素的關係，重點在於某因素是在其他因素之「內」還是之「外」。在內部就畫在線內。表現位於外部的因素之間的關係時，基本上使用線條與箭頭。若想表現複數因素間的互動，重點則是單向或雙向的「方向」。在表現對照等關係及前後的變化之際，也會使用箭頭（圖3・7）。

一開始對於這些沒有必要規定得太過嚴格。當然，每次畫的內容都不一樣成員們會感到混亂，需要一定程度的統一。不過，彼此決定並遵守規則，針對「這種圖示代表什麼？」在現場取得共通的理解更加重要。

圖3.6　表示因素的圖示範例

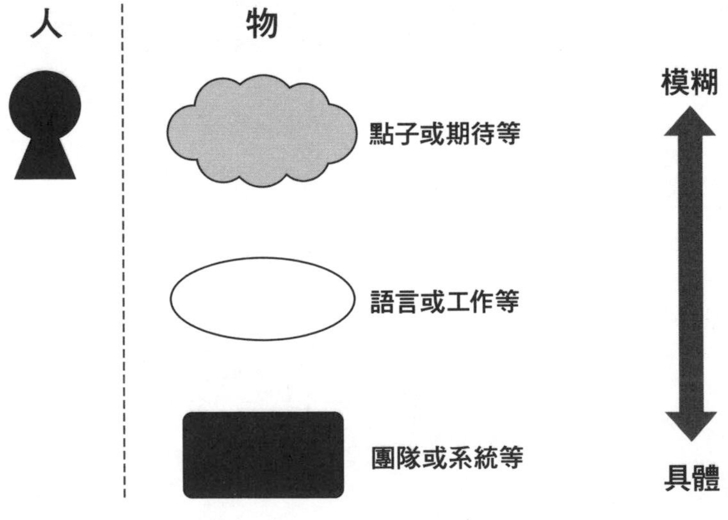

適當地使用結構與時間順序

用這些圖示說明時需要意識到一點。那就是在說明印象之際，大致可分為兩種做法。第一種是著眼於結構，另一種是著眼於時間順序的方法。

著眼於結構時，無視時間順序地寫出因素之間關係的整體情況。另一方面，著眼於時間順序時，則追蹤某個因素隨時間而變化的狀態，與因素之間互動的方式。

兩種做法都很重要，視情況而定，有時需要對同一件事從兩個觀點做說明。因為只看結構，在擷取出某個特定時間點時，無法釐清當時發生了什麼事；只掌握時間順序，無法看清楚整體情況。兩者相

圖3.7 表示關係的圖示範例

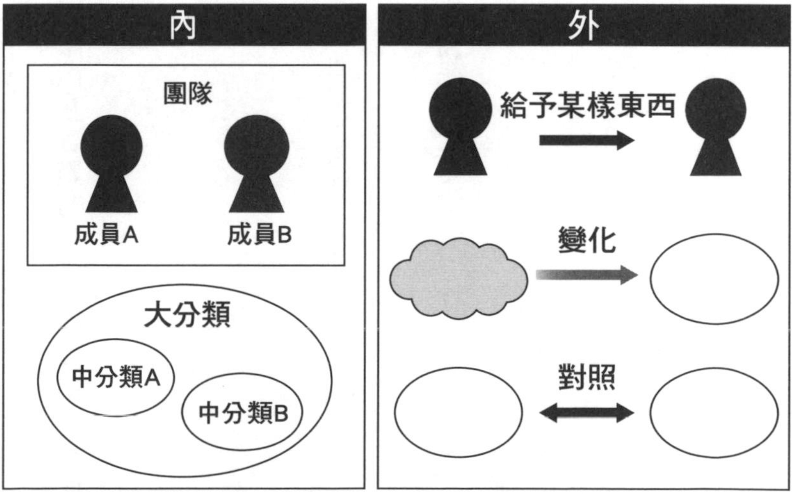

輔相成，由於定位不同，若是摻雜在一起，將使觀看者陷入混亂。*1

讓我們試著用民間故事桃太郎的結構與時間順序作為具體的例子。像大家所知道的，大體上的故事情節如下所述。

- 老爺爺和老奶奶兩人同住。
- 老奶奶在河裡撿到桃子。
- 她回家後試著剖開，發現裡面有個嬰兒，便將他取名為桃太郎。
- 桃太郎長大之後，到鬼島討伐惡鬼。
- 他在半路上用吉備糰子交換，收了狗、猴子、雉雞當手下。
- 桃太郎到達鬼島，打敗了惡鬼。
- 桃太郎帶著金銀財寶回家。

那麼，我們來試著掌握這個故事的結構與時間次序。

*1 《Cloud First Architecture設計ガイド（暫譯：Cloud First Architecture設計指南）》（鈴木雄介著，日經BP社，二〇一六年）提到，在設計系統時，必須分別寫出按結構的表現與按時間順序的表現，並從兩方做確認（同書將此處所述的結構與時間順序分別稱作「靜態結構」及「動態結構」）。

掌握結構

首先來試著掌握這個故事的結構。當中出現的地點有老爺爺和老奶奶居住的「家」，惡鬼居住的「鬼島」。

登場人物有「主角」桃太郎、「家人」老爺爺和老奶奶、「手下」狗、猴子、雉雞、「敵人」惡鬼。

那麼登場人物之間的關係如何呢？老爺爺和老奶奶養育了桃太郎。桃太郎為老爺爺和老奶奶帶回戰利品。他把吉備糰子給了手下作為回報，成為手下的動物們宣誓效忠於他。然後，桃太郎打敗了鬼。將這些關係試著畫成圖（圖3・8）。

用長方形來表現地點，手下這個群體則用圓形表現。另外，為了區別登場人物的名稱與角色，把角色用括號標示。狗、猴子、雉雞使用與人類相同的圖示，不過若對畫圖技巧有自信，也可以做些變化。只是，圖解的目的是掌握整體情況，請注意別拘泥於圖示花太多時間。重點是能夠在白板上迅速畫出來。

看著這張圖，大家有什麼看法？如果不知道桃太郎的故事，只能想像各個行動是以什麼順序發生的。不過，登場人物之間的關係一目了然，這就是掌握結構的圖解。在掌握結構時不按照時間先後，首先要把握整體的框架，再慢慢地加入細節。

掌握時間順序

接著，來試著掌握故事的時間順序。在圖解結構時，為了描繪出故事的整體情況，著眼於登場人物與他們之間的關係。而在圖解時間順序的時候，也有必要釐清是以什麼為目的。如果是圖畫書，應該會挑出各個場面，畫出每個場面中的登場人物關係，不過在此試著用有些不同的觀點來思考吧。

圖3.8　桃太郎故事的結構

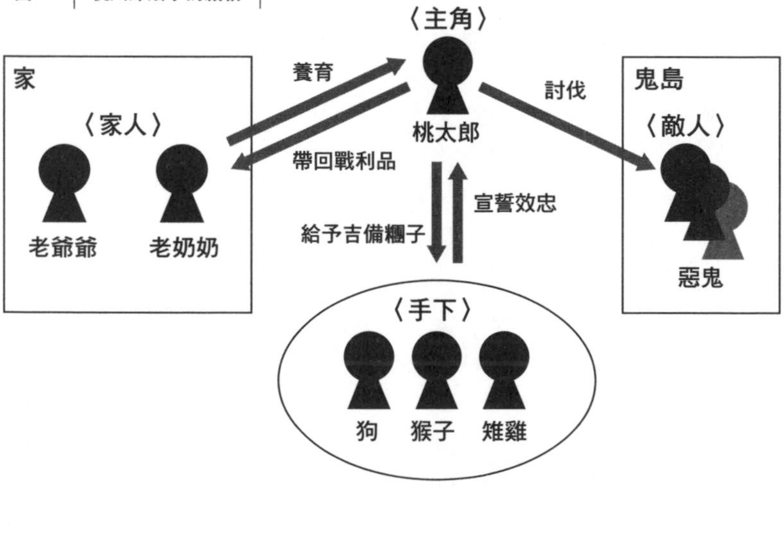

首先，試著著眼於老爺爺和老奶奶這兩位家人的狀態，是以什麼契機逐漸發生了怎樣的變化。他們一開始兩人同住，以老奶奶撿到桃子為契機變成三人同住。等到桃太郎出門旅行後又回到兩人同住，最終與帶回金銀財寶的桃太郎再度三人同住，過起富裕的生活（故事情節有各種說法，這裡設定後來和狗、猴子、雉雞分開了）。試著這些變化將畫成圖（圖3・9）。

接著，嘗試著眼於桃太郎和狗經過什麼樣的交流締結主

圖3.9 家人的變化

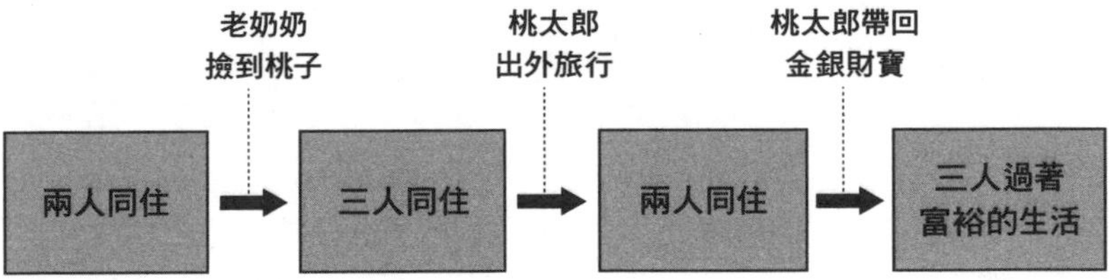

圖3.10 桃太郎和狗的交流

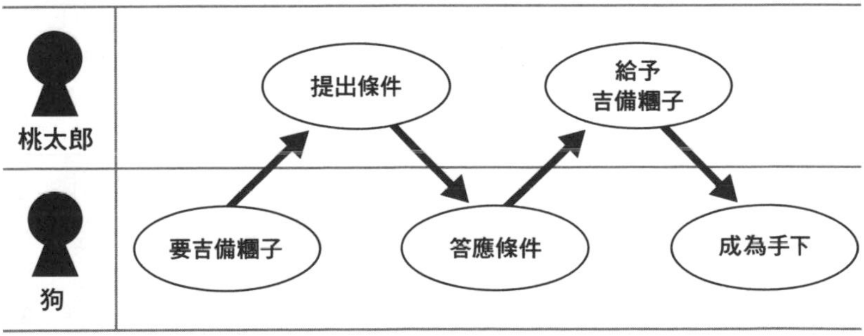

從關係。狗向桃太郎要吉備糰子，桃太郎提出了幫忙打鬼就給你糰子這樣的條件。狗答應了條件，桃太郎給了吉備糰子，於是狗成為他的手下。試著把這段交流畫成圖（圖3．10）。

靈活運用圖形

像前面所說明的一樣，想透過圖解說明的印象，是依據某些目的，以某個觀點對事物抽象化的理解。在圖解時，重點是要意識到想傳達什麼，視需要靈活運用幾種圖形。

另外，關於圖的格式，比起總是使用原創圖，採用組織圖或年表等一般格式效果更佳的情況也不少見。為了傳達什麼訊息該畫什麼樣的圖形比較好？在網路或電視上看到圖解時，也要思考有沒有用得到的機會，增加自己的儲備選項。

累積討論

到目前為止，我們明白了該如何在會議等場合讓參加者的認知漸漸統一。但是，一場會議很少能決定所有的議題，幾乎所有工作都是一邊累積多場會議一邊進行的。就算好不容易在一場會議上順利地歸納出結論，如果沒有正確地累積結果，將無法朝目標有效率地邁進。視情況而定，很可能重複討論以前討論過內容。

在本章的最後，讓我們來看看正確累積討論的方法。

留下決定好的結果

設下規定，一定要以某種形式保存在會議中討論的結果。關於這方面，選擇寫會議紀錄的團隊應該不少。偶爾也會有必須連詳細對話內容都記錄下來的案例，不過在大多數情況下，只要掌握以下列出的內容就沒問題了。

- 日期
- 參加者

- 會議目的（特別是目的為決定某些事的會議，要簡潔地記下應該決定的事項）
- 決定事項（在會議中做出的決定）
- 下一步行動（下一個該做的事）

其中特別重要的是「決定事項」與「下一步行動」。如果以口頭展開討論，有時參加者之間對於決定事項與下一步行動的認知會有出入。為了避免這種問題，在會議中針對這些項目做指認呼喚很有效。

如果使用白板，要在會議途中隨時寫下決定事項。至於下一步行動，在會議的最後一定要養成安排時間記錄在白板上的習慣。像這樣活用白板，就能用手機等工具拍照，簡單地留下討論結果。把拍下的白板照片保存在規定的地方，以便隨時查閱。

用保存下的東西當立足點

如果保存做出的決定是第一階段，在下次作業時確實地用保存的紀錄當立足點則是第二階段。然而，事情進展不順利的團隊，會發生做好的決定在不知不覺中消失或被推翻，又從零開始探討的狀況。為了避免這種情形，該怎麼做才好呢？

就算是在會議中做出的決定，也必須在納入下一個行動時重新審視。重要的是當時作業者的判斷。如果明確理解自己可以下判斷的範圍，在那個範圍中進行作業並無問題。不過，擅自進行與決定事項不同的內容會造成混亂。

最好的解決方案，是徹底執行「做出的決定不擅自變更」這項規則。只要每一名成員心中都認為要「一點一點累積決定好的事情」，而不是「草率地解決眼前的作業」，就不容易發生這種狀況。既然用盡方法努力讓大家的認知統一，要以團隊來意識到在那之後持續地「累積」討論成果。

圖3.11 套布袋「賽跑」

第 4 章

深入挖掘
對立意見的機會

領導者總是扮演協調者

上一章以如何表現、歸納為中心做了說明。可是，即使理解彼此說的話，眾人的想法也未必一致。聚集了越多人，越會發生意見的衝突。

本章要說明如何活用這些意見的衝突深入討論，最終導向共識的方法。

多樣性會產生卓越的成果

如今，「多樣性」這個詞彙連同英文「diversity」在內，聽到的次數變得比以前多得多。應該有許多人都贊同「多樣性很重要」這個主題。不過，一般人印象中的多樣性，應該是民族與人種、國籍與性別吧？但身為協調型領導者必須尊重的多樣性更加難懂，要做到尊重比預期的更困難。

筆者經常有機會在研討會或研習營擔任講師與主持人。我在這些經驗中學到的體悟之一，是「集結優秀人才的團隊，其產出的成果未必總是卓越」。在研習營結成團隊的成員，全體都具有優秀的邏輯思考與溝通等所謂的「基礎能力」，當成員們年紀相差無幾，來自類似的環境，該團隊的成果表現出色的案例很多，這是事實。不過，那是指

「達到管理層預設的及格線」這種含意上的優秀，未必好得令人矚目。

另一方面，做出的成果超乎預期，令人感到「這可真驚人」的團隊，常常是對於工作的想法有差異，一開始意見不合的團隊。

當然，有些觀點認為那是在「研習營」這種特殊環境發生的情形，無法直接適用於職場，而且「引人矚目」在工作上未必管用，在某些情況下反倒是穩定持續交出及格的成果更加重要。不過，這裡還是隱藏了重要的線索。各式各樣的意見，對於該如何前進猶豫不決，而非全體意見一致地往錯誤方向走去，其實是非常健康的狀態。

接納多樣性才是領導者

領導者重要的工作之一是「統整意見」沒錯，不過若錯誤地解釋成「說服成員配合自己的意見」，會成為產生某些不滿的源頭，最糟糕的情況會導致團隊崩潰。

的確，總不能一直苦惱下去，領導者必須在某個時刻決定該前進的方向。可是，在那之前的「決定該往何處前進」的階段，領導者的見解並沒有絕對正確的保證。既然如此，盡可能採納更多意見，摸索正確的道路才是領導者應該做的工作。

話雖如此，採納與自己不同的意見、為意見完全相左的人居中協調並沒有那麼簡單。因為這不只需要在第三章介紹過，整理會議討論所需的主持技巧，面對意見的衝突也會造成很大的精神壓力。這種壓力，會在自己的意見遲遲得不到贊同時變得更強烈。

當自己的意見得不到贊同時，對於不肯贊同的對象有種典型的反應：「跟那個人說不通。」因為「那個人不聽別人說話」、「說了他也不懂」，所以「這也無可奈何」。

這種反應最大的問題點是什麼？對別人貼上「那個人」的標籤正確與否也是問題，不過更嚴重的是，認定「這也無可奈何」，接受了結果將會發生的事態。如果想法沒傳達給對方導致的結果能用「無可奈何」帶過，或許也無妨。不過，如若想真摯地面對、對結果負起責任，就不能用一句「這也無可奈何」收場。不陷入這種思考停滯的狀態比什麼都來得重要。那麼，讓我們來看看領導者必須做哪些事，以避免思考停滯並協調多樣性。

為何發生意見衝突？

多樣性的本質是視角的差異

像研習營這種時間極度有限的情況，馬上統一意見展開作業，花費在作業上的時間會相對變長，因此作業本身的準確度會提高。這就是前面提到的「成果優秀」的真相。具備類似背景的參加者們若能順利進行溝通，磨合意見相對較為容易。

那麼，沒辦法馬上統一意見的團隊發生了什麼事？是他們溝通能力低落嗎？在絕大多數情況下並非如此。實際上，看待事物的視角差異很大，無法立刻理解，統整起來很費力的狀況較多（圖4．1）。

但多虧這種視角的差異，有時會產生嶄新的點子。即使是乍看之下很平凡的點子，透過說明以及展開討論，內容也會漸漸變得豐富。

另一方面，在大多數馬上達成「意見一致」的情況中，全體成員幾乎都以相同視角看待事物。

在這種情形中，產出成果的速度的確很快，不過其中的常識被視為自明之理，有時候會未經討論就向前推進。沒有累積討論達成的結論，無法承受出自不同視角的問題與反駁。如果想做出包含多種視角，具有深度的優秀結果，盡可能收集更多視角的看法並基於這些看法討論，是無論如何都不可或缺的。

圖4.1　視角的差異

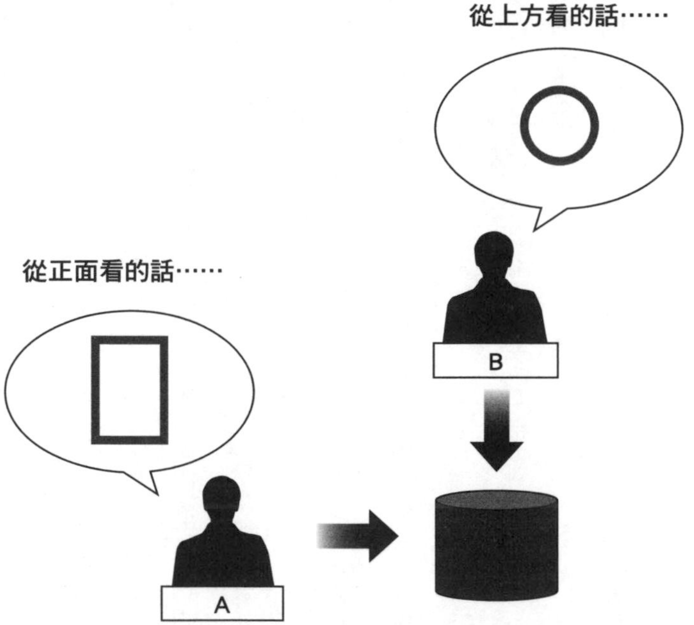

為何會產生視角的差異？

在同一個團隊工作，應該或多或少有著相同的看法。明明如此，為什麼大家意見卻南轅北轍？為了協調多樣化的意見，首先必須掌握為何會產生這樣意見不同的狀況。

出現多樣的意見時，如果認為其中一個是正確答案其他全都是錯誤的，「尋找正確答案」就會變成「挑出錯誤」。不同於數學和物理的世界，在工作現場必須討論的事物在大多數情況下，並不存在「唯一的正確答案」，其中必然有「解釋」介入的空間。

解釋是指接受某個事物的方式。解釋的方法取決於那個人的「價值觀」與「解釋的框架」（圖4・2）。讓我們依序來看看那分別是什麼。

圖4.2 解釋的框架

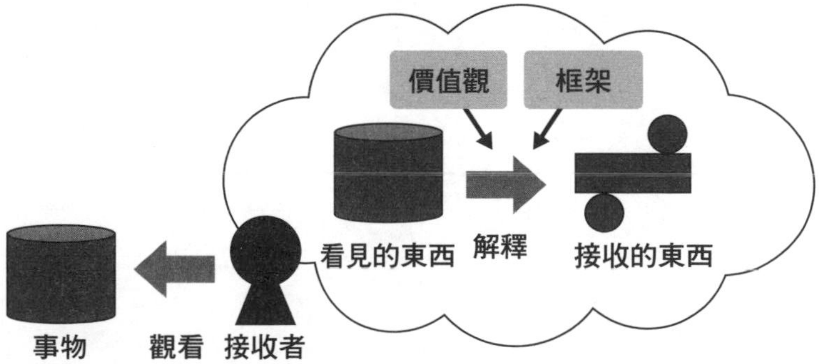

以團隊工作雖然沒有像狼人一樣明確的反派，自己眼中看見的世界與他人所見的世界不一樣這一點和遊戲並無不同。別畏懼這種差異，我們必須互相告訴對方從各自視角看見的世界，尋找更正確的道路。要學習這一點，「狼人」遊戲是一個很好的練習。請大家務必嘗試一次看看。

COLUMN

用「狼人」遊戲 學習「視角」

大家聽說過「狼人」這個遊戲嗎？那本來是一種卡牌遊戲，由於曾改編為小說、漫畫與電影，大家或許也在什麼地方看到過。遊戲大致上的劇情內容如下。「有幾頭狼人來到某個村莊，吃掉村民並化身成他們的樣子。因為外表一樣，看不出誰才是狼人，不過到了晚上，狼人會露出真面目，每個晚上吃掉一名村民。照這樣下去全村的人都會死光，因此村民們每天在白天舉行審判，由多數決選出一名懷疑是狼人的人，將他驅離村莊……」

遊戲由五到十幾人進行，參加者分為村民與狼人兩方。若能放逐所有狼人，即為村民獲勝。如果選錯放逐了村民，等到村民人數與狼人人數相等，就是狼人方獲勝。在村民當中，有晚上可以選一個人調查他是不是狼人的「占卜師」、可以查出前一天放逐的人是不是狼人的「靈媒師」等職業，但自己的職業只有本人知道。

這樣聽起來，只要「占卜師」按順序占卜找出狼人，村民就會獲勝。然而，狼人也可以撒謊宣稱「我是占卜師」。反過來說，就算是真正的占卜師，也沒有辦法（在一開始的時候）讓別人相信你。玩家們互相主張從自己的觀點看到的世界，從言語中的矛盾找出撒謊的狼人，是這個遊戲的精彩之處。

價值觀

解釋事物的大前提是那個人的價值觀。價值觀也可以換個說法稱作信念，作為思考「什麼是正確的？」「該怎麼做？」時的依據。這些價值觀是由那個人的個性與組織文化長期培養而成，不是一、兩次的討論能夠改變的。

英國政治家約翰・莫萊（John Morley）說過：「讓對方閉嘴，不代表說服了他。」不尊重對方的價值觀企圖矇騙，會對團隊造成看不見的裂痕。舉例來說，A認為「工作只不過是為了賺錢。只在規定時間內坐在辦公桌前就夠了」，B認為「要在團隊中運作學習循環，改善工作」。當A與B商量在工作現場發生的問題時，會發生什麼事？A不想討論超出「怎麼做能解決問題？」範圍的內容，另一方面，B會想討論「為什麼發生了那個問題？」吧。因為那個問題對A來說是「麻煩事」，對B來說是「改善的機會」。假設組織最終往B的方向處理，而A也同意了，但他是否在本質上贊同，或至少是否認同值得懷疑。

若不有意識地俯瞰，難以發現由價值觀不同而產生想討論方向的差異。這樣很容易僅在個別討論上意見一致，雙方都因為無法共享目標感到惱怒。這裡沒有「萬人共通的正確答案」，但正因為如此，對於這種價值觀應當明確地提出作為組織的方向。另外，領導者必須具體地闡述該價值觀。

解釋的框架

以價值觀的水準一致為前提，「解釋的框架」是多樣化觀點的泉源。如同在第三章「語言的地圖」說明過的，語言並非代表事物本身，而是在與其他語言的關係上具備意義。所有人都擁有透過語言的組合來解釋事物的框架。

第一章提及的外顯知識、內隱知識、技能，會對這個框架帶來很大的影響。例如當A與B討論「系統X和Y哪一種更好？」時，A主張是X，而B主張Y系統更好。這時候，B或許知道A不知道的X系統缺點（外顯知識）。或許X和從前害他吃過苦頭的系統具有相同特性（內隱知識）。而並未參加討論，擁有豐富資訊技能的C，或許兩者都不要（技能）。

解釋是碰到新事物時，在自己的世界觀中將其定位的作業。而自己的世界觀，是透過每天的經驗建立而成。解釋的框架會隨著經驗更新，新的經驗又按照新框架被解釋，人便是透過這個循環來不斷成長。

光追蹤眼睛看得見的主張，無法發現解釋的框架。必須注意到主張的依據或意圖，並且掌握依據的由來。比方說，就算團隊的價值觀一致，如果解釋事物的框架不同，結果呈現的解釋也會不同。若想順利地統整多樣性，必須理解每個成員具有的價值觀與解釋的框架。我們來看看基於這些前提，活用多樣性並統整意見的方法。

活用多樣性的步驟

先從請成員表明意見開始做起

包括看不到的部分，讓我們來思考統整意見的衝突，將團隊帶往良好方向的具體方法。一開始必須請成員們直率地表明意見。

不表明想法的理由，大體上只有兩種。也就是「想法未能化為言語」或是「說得出想法但不肯說」。我們先從前者看起。

對未能用言語描述的感覺伸出援手

要防止成員因為未能用言語描述想法而不表明意見，領導者帶頭暴露思考很有幫助。在第二章介紹的由領導者設定課題，和成員們一起驗證的做法正屬於這種方式。

但是，有些成員是覺得「沒辦法表達清楚，但感到不太對勁」。我們必須避免某個人的想法因為「沒辦法有條有理地說明」這種理由受到忽視。身為協調型領導者，必須以巧妙的發問引導出成員的想法，同時描繪出那個想法就整體來說形成什麼樣的路徑。

首要之處在於理解，思考路徑是否錯誤則是下一個步驟。

解決沒說出口的情緒

處理未能用言語描述的問題，只要協助成員將想法化為言語就能解決。相對來說更嚴重的，是「說得出想法但不肯說」這種案例。無法用言語描述是能力與技巧的問題，而沒說出想法的背後，必定隱藏著某些情緒。我想許多人都有「跟同期同事聚餐時講了一堆對上司的意見，卻無法直接對本人開口」的經驗。請試著回憶起當時對於那名上司懷抱的心情。大體上應該如下列內容所示。*1

- 如果是位好上司，應該更聽聽別人的意見（判斷）
- 反正說了他也不會接受（認定）
- 他很獨裁（性格描寫）
- 總之先做我做得到的，被抱怨了再想辦法（問題的解決）

從此處得到的教訓是，一旦因為某些理由被認為「就算說了也是白費力氣」，就無法再請成員表明想法。不表明想法就沒有討論，沒有討論也無法發揮多樣性的優勢。

為了避免這種情形發生，重要的是形成文化，無論是誰發言都要試圖理解他所說的話。用古老的名言來表達，便是「我不同意你的說法，但我誓死捍衛你說話的權利。」（伏爾泰）。最終是否形成全體成員所希望的結果另當別論，至少要試著理解發言者所說的話及意圖，這應視為基本。[*2]「能不能同意結論？」與「能不能理解那個意見？」是截然不同的兩件事。就算不同意內容，試著去瞭解（能理解他的心情）對方所說的話，就能暫時接納對方。然後請說出來，告訴對方你接納了他。

理解他人的思考與作為思考基礎的情緒，對領導者來說是最重要的素養之一。在成員們能夠直率地表明這些之後，討論及透過討論做出的決策才具有意義。

＊1 關於這類情緒問題，在道格拉斯・史東、布魯斯・巴頓、席拉・西恩合著《再也沒有難談的事：哈佛法學院教你如何開口，解決切身的大小事》（中文版由遠流出版，二〇一四年）中有詳細介紹。

＊2 關於這一點，記錄Google公司冥想實踐法的《搜尋你內心的關鍵字：Google最熱門的自我成長課程！幫助你創造健康、快樂、成功的人生，在工作、生活上脫胎換骨！》書中提到「不同意對方的心情也能做到理解與接納，是心靈發達的證明」。

尋找不對勁的根源

像這樣引出成員的發言後，有必要掌握不對勁感是從何處產生的。雖然只能一邊對話一邊找出不對勁感的根源，以下整理了在這種場合應該問的問題。當自己提出A意見，而某位成員表示「應該採用B而非A」的時候，該問的問題為下列四種。

①**「請再多詳細介紹一下B」**：在無法理解B的內容本身時要這麼問。增加描述對象的詞彙數量，對於釐清其內容總能帶來幫助。

②**「請告訴我們你對於A的看法」**：判斷總是根據比較而來，有必要掌握他對反對的對象作何看法。

③**「請告訴我們B更好的理由」**：這種類型的問題總是蘊含著讓對方以為「要遭到反駁了？」引發戒心的風險。為了避免這種狀況，請著重於表現出「想要理解」的心情。重要的是不帶說服的目的，真正試圖去理解對方。

④**「請告訴我們A行不通的理由」**：「應該採用B」的主張，應該含有A行不通的

理由。透過這個問題，可以明白對方是怎麼看待A的（圖4．3）。

請透過這些問題，努力觸及對方為何說出（看起來像）衝突意見的意圖。說不定只是提出A方案時表達方式有問題，造成了誤解。當然，也存在A方案有遺漏之處，多虧成員指出問題才得以補強的案例。

不過，有時候論點並不像「選B而非A」一樣明確。當有人論點模糊不清還是提出某些異議時，如果抓著話柄做出反應，會導致討論離題（圖4．4）。

請仔細地分解「共識達到什麼程度？」，還有「對於哪個部分感到不對勁？」「依據是什麼？」來做確認。不只對結論本身提出異議的情

圖4.3 論點的詳細化

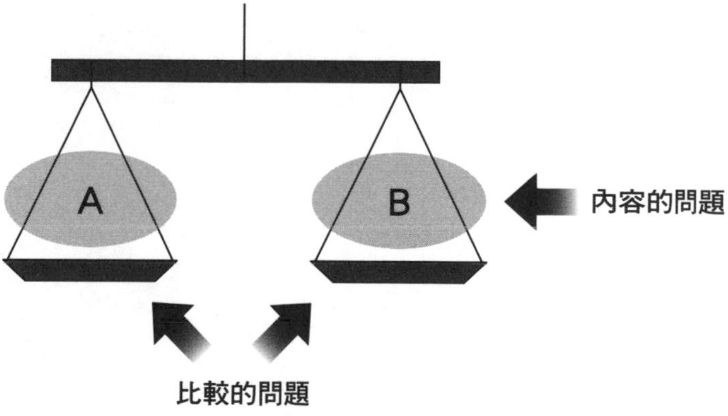

形，對方或許是在主張「結論很好，但在那種情況下必須注意的事」。或許只是指出一部分的問題，最終結論幾乎沒有改變。

在整個團隊試著組織結論途中，意識到反對意見在路徑上定位落在何處十分重要（圖4．5）。有時候，「提出主張的本人想法之強烈」與「在討論中的重要性」並不相稱。就算如此，也要真摯地應對成員的意見。

像這樣追蹤論點，發現認知並未在事實層面保持一

圖4.4　離題的討論

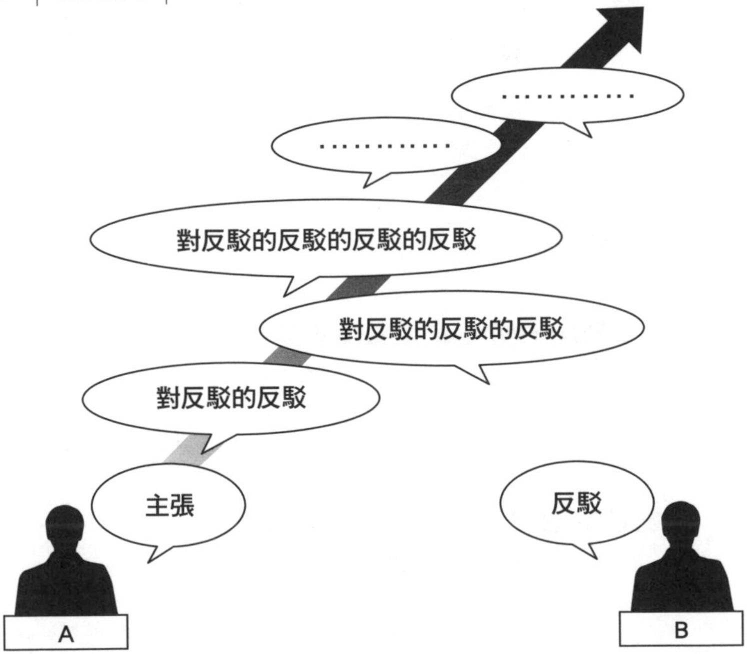

致的情況並不少見。這時候要聚焦於「事實是怎麼樣？」而不是「誰說的才正確？」來進行討論。不落入「誰的想法是錯的」這種看法很重要。此時，「確認事實」這個關鍵字會派上用場。「讓我們針對這一點來確認事實」使用這種表達方式，有助於避免情緒化的衝突。

無論如何，比起採用B的結果，追蹤A散發的不對勁感根源更加重要。理由和「共享目的與目標，一起思考手段」是一樣的。只要先理解為何覺得不對勁？想做什麼？就能一起思考該怎麼做。實現意圖的手段不只一種，視場合而定，說不定能找到不衝突的解答。別急著下結論，養成團隊一起累積這種檢討經驗的習慣吧。

圖4.5 替成員的討論在整體中定位

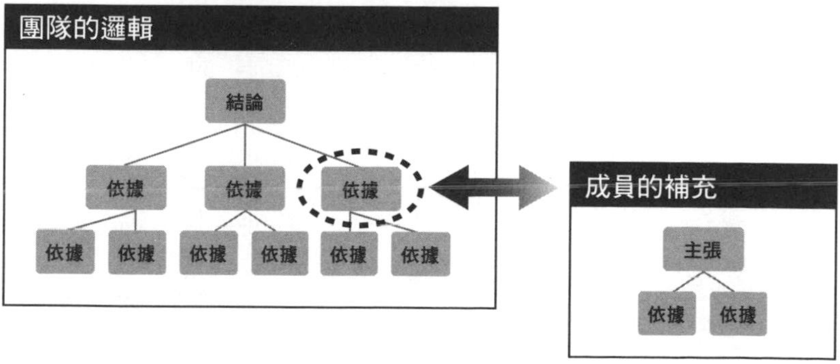

協調從取得共識開始

到這裡為止，我們看過了如何釐清成員感受到的不對勁。當經過這些活動後意見依然分裂時，就必須選擇其中一方。做這樣的選擇時，要參考的不是「這是誰提出的？」必須根據原本的目的與前提判斷「哪一個意見更適合？」接下來讓我們具體地來看看。

找出能達成共識的要點

首先，請回顧目的與目標、事實，找出全體成員能達成共識的要點。剛才的觀點是「對哪個部分感到不對勁？」相對的，這次的竅門是以「能達成共識到什麼程度？」的形式來探索。

特定意見分歧的階段

當意見不合時，一般而言歧異會出現在下列階段的其中一處。必須找出意見分歧從何而生。

- 說出了意見，但無法理解所說的內容
- 理解內容，但對事實的認知有差異
- 對現狀認知一致，但朝向的目標不同
- 朝向同一個目標，但課題設定不同
- 課題設定相同，但想採取的手段不同

在確認不對勁感源頭的過程中，應該會釐清對於內容理解不足與對事實的認知差異。根據確認得到的結果，不對勁感關係到團隊活動的哪個部分？此時有必要溯及目的與目標的基礎，確認全體成員的見解，從中引導出結論。不只對於意見衝突的當事人，這個過程對於全體相關人員都具有意義。因為這正是在重新確認自己堆積起的邏輯。別因為做過一次就嫌此重新確認的作業麻煩，直到所有人都接受為止，有必要多次地反覆進行。

決定走哪條路

在解決了本書到目前為止提及的各種事項，使基本認知統一後，在大多數情況下，意見的衝突會發生在決定想採取何種手段（＝解決方案）的階段。關於這一點，讓我們以下面的形式來整理衝突。

①確認目的：「首先，我們想要做的事是這樣的。」
②確認方向：「關於這個，採取這樣的方針這樣進行。」
③確認課題：「現在碰到這個問題，正想要這樣解決。」
④確認解決方案：「不過，解決問題的方法也具有這種問題，關於這個問題，我是這麼想的。」

通過這項作業，將提升對於目的和目標的理解準確度，有時也會揭露目的或目標不明確的問題。視情況而定，有些案例需要向上級管理階層做確認。通過這種確認和達成共識的過程，讓所有成員認同團隊前進的道路很重要。

責任感來自於認同

到這裡為止，對於在團隊討論中應該納入多樣性做了說明。前文寫到多樣性會創造卓越的成果，為討論增添深度，不過從整合不同意見的意義來看，其實效用還不只如此。為了讓全體成員把做出成果這個任務當成分內事承擔，秉持責任感投入工作，這是絕對必要的。

我想人人都有過不認同自己的工作，完全按照指示執行作業的經驗吧。不過如同前面說明過的，成員若處在這種狀態中，則無法創造屬於團隊的成果。僅僅聽從指示的人毫無面對意外情況的適應能力，更重要的是，在精神上並不健全。為了使每一名成員把團隊的成果當成分內事來承擔，秉持責任感工作，讓他們認同工作的進行方式是不可或缺的。

在本章的尾聲，我們來看看至今談及的討論與達成共識的過程，是如何與責任感產生關聯。

信任培育出自主性

對於團隊而言，最重要是的「信任關係」。這裡所說的信任，當然不是指性格上的好惡，也不是「這個人工作能力很強」這種工作相關評價。要說是什麼，那就是「能夠坦率表明彼此想法的關係」。

請大家試著想想自己所屬的團隊。當團隊在做出某些決策時，是否會展開熱烈的討論？如果團隊中有著「當下什麼也不說，之後再背地裡抱怨」或「沒什麼怨言，但不遵守決定好的事情」這種態度的成員，我必須說你的團隊正受到嚴重的不信任感侵蝕。

領導者應該真摯地面對無法用言語描述的感覺與沒說出口的情緒，最大的理由是為了形成這種信任關係。在決定某些事情時，「我會參與那個決定」的篤定感，正是信任關係的基礎[*3]。

擁有這種信任關係，成員才會首度自主地參與建立團隊的成果。這並非一朝一夕能夠培養出的關係。共享目的、尊重多樣性，同時一起思考該前進的道路，如此積累過後才能構築而成。

如前文所述，若非特別單純的作業，團隊要朝目標邁進必須累積許多細微的決策。

在這些決策當中，有應該取得整體團隊共識的大事，不過也有不少得由各成員自行判斷的事情。當然，應該事先規定每個人可以自行決策的範圍，但若不起碼在一定程度上建立供成員自主判斷的領域，事情將無法前進。那時候，成員會無法自主地參與在自己不知情時決定的事務。

＊3 摘自James O. Coplien、Neil B. Harrison著《Organizational Patterns of Agile Software Development（暫譯：敏捷軟體開發的組織模式）》「4・1・1 由信任結合的共同體」。

責任是自行承擔而非別人給予的

另一個類似「自主性」，由信任關係產生的重要關鍵，就是「責任感」。讓團隊創造超越成員個人能力總和以上的成果是領導者的工作，不過作為前提，若沒有讓成員工作時秉持責任感，就無法達成這個目的。

另一方面，責任實際上並無法由他人給予。在面對某些失敗，說要「負起責任」時，人們會面臨降職與減薪、懲戒等處置，但這些頂多只是一種「懲罰」，與執行工作時所要求的責任並不相同。

執行工作時所要求的責任，是竭盡所能來達成目標，對於過程及結果盡到說明的義務。說明的義務可由外部要求，但為了達成目標付出的努力是自發的，並非外部所能給予。在參加討論，感到認同後，成員才會像這樣承擔起責任。

若能納入成員們多樣化的視角，透過在討論中決定前進方向的過程，讓全體成員秉持責任感投入工作，即使面對困難的目標，對於發生的問題也能夠積極地挑戰。請作為協調型領導者，建立這樣的團隊。

第 5 章

將團隊活動「視覺化」

做決定並交派工作後的下一步是？

到目前為止，我們確認了團隊的目標，對於該前進的方向達成共識。接下來只要整理該做的任務，按照順序完成應該即可達成目標。決定各個任務的負責人與期限後，團隊便展開作業。

然而，不能把工作全交給成員處理，自己像度假一樣悠哉。我們來看看作為領導者，在經營團隊日常活動上必須考慮的事情。

事情不會按照預定計畫進展

如果決定好要做的事務與負責人，接下來交給他們就能達成目標，再也沒有比這更輕鬆的事了。但現實總是嚴苛的，事情不會按照一開始的預定計畫進展。無法按照預定進行的理由多如牛毛。

- 作業比預期中更花時間
- 雖然按照預定計畫完成作業，做出的成果卻不符期待

- 發生了出乎意料的問題
- 預定進行作業的人身體不適請假

在這些問題中，有些靠事前的安排可以在一定的程度上避免，但無論如何都會有不實際去做不會發現的狀況。基本上，事情沒有按照預定計畫進行是理所當然的。必須以計畫被打亂為前提，應對意外的狀況。如果領導者被日常發生的問題要得團團轉，必然會形成瓶頸，導致團隊整體陷入混亂。

經營日常的活動

「經營」這個詞彙在這裡成為一個重點。儘管也有人認為領導者的工作是「管理」，但談到管理，大家往往會想成「監視事情是否按照預定計畫進行，如果偏離計畫就督促負責人」。這是領導者容易對自己的工作產生的誤解。

在期限前發送提醒，無法準時完成就叮嚀催促，在團隊經營上的確是重要的因素。可是，唯有在全體成員能夠自行解決每天發生的問題的情況下，才能單靠這些動作就讓工作按預定計畫結束。

而且把問題丟給負責人單獨解決，會破壞信任關係。重要的是以「問題和我們（Problem vs. Us）」這種結構來面對問題，而非「你是碰到問題的負責人，我是旁觀的管理者」。

在團隊活動中發生的問題大致有兩種。

- **出現了阻礙策略成功的東西（小石頭）**
- **發現本來的計畫並不成立（策略失敗）**

兩者的對應方式大不相同。如果走路絆到小石頭，只要清除掉就能繼續按照計畫往前走。因此，有必要正確地認識到小石頭的存在並做出應對。

不過，在「策略失敗」的局面還繼續按預定計畫活動，只會消耗時間這個最寶貴的資源。因此一旦發覺「策略失敗」，就得迅速重新擬定計畫。

雖然應對方式不同，在面對兩個問題時共通的重點，那就是在發生的時間點便正確掌握問題。為了做到這一點，必須進行所謂的「視覺化」。也就是鋪設感應網，以免錯過問題。

首先，讓我們來看看如何將團隊日常的活動「視覺化」。

條形圖是團隊的指南針

條形圖的基本

管理團隊進度時，常用的工具為WBS與條形圖（甘特圖）。WBS是Work Breakdown Structure，即「工作分解結構」的縮寫，是調查出達成最終目標所需的所有作業，以樹狀構造整理的結構圖。將這些列出的作業置於縱軸上，以日期為橫軸來表示「某項作業從何時開始，直到何時為止」的圖形就是條形圖。這種條形圖本身有時也被稱作WBS。

這些工具有專門的軟體和服務等等，諸如反映估算的工時、可以登記假日，具備各種豐富的功能。然而，考慮到使團隊整體活動「視覺化」這個目的，瑣碎的功能不只沒必要，有時候反倒會造成阻礙。這些專門軟體具有讓成員以天數、小時為單位，精細地管理自己的作業，便於執行工作的觀點，以及使團隊整體活動「視覺化」所需的觀點，在抽象度上差異很大。

在此，讓我們來看看聚焦於團隊整體上的條形圖思路。條形圖形式如圖5・1所示。基本上按作業分類分配負責人，設定執行每個任務的期間。為各個任務設定「怎麼樣算是結束」的完成條件，並搭配條形圖一起瀏覽。

這張條形圖重要的是，能夠一眼明白團隊整體以怎樣的步驟來推進事情，還有目前正在什麼位置。因此，關於提起任務要詳細到什麼程度，請以「負責人將該項作業的成果交給其他成員的段落」而非「負責人在哪項作業中做了什麼？」為基準來思考。不過，期間長達數週的圖表，再稍加分解有時會比較容易看懂。

關於條形圖的大小，建議尺寸約為「可用一張A3紙印刷並閱讀內容」。如果超過這個尺寸，請花些工夫將圖表修改得更為抽象，或是整理相關任務將條形圖分成數張。

因為讓全體團隊成員看起來覺得簡單易懂很重要，比起具備複雜豐富功能的工具，使用簡單又能自由記錄的工具更適合。我們在使用時總會想做各種調整，例如填寫風險與發生的問題等等，讓圖表更貼近需求。此時，格式請盡量符合普遍的觀感。例如在上色時參考交通號誌，使用藍色（綠色）代表進展順利、用紅色代表風險、黃色代表需要注意之處，這就是使用條形圖時的訣竅[*1]。

*1 運用條形圖的具體作業進行方法，參考了吉澤康弘著《チームの仕事を間に合わせる技術（暫譯：及時完成團隊工作的技術）》。

使用條形圖應該意識到的重點

在這張條形圖上，應該意識到的因素大致有三種。

- 誰會在什麼時候完成什麼事？
- 某個任務延誤時，哪邊會出現影響？
- 有估算作業量嗎？

接下來讓我們依序來看看。

誰會在什麼時候完成什麼事？

條形圖基本上是為了達成最終的目標，表現「誰會在什麼時候完成什麼事？」的工具。考慮到這樣的目的，做條形圖時有兩點必須要注意。

第一點是安排好「條形圖上列出的任務按照預定進度完成，就能達成最終的目標」。為了俯瞰全局，在一定程度上有必要抽象地掌握整體活動，但也請注意別因此漏掉重要的任務。

第二點是正確地連結各項任務。條形圖乍看之下像在表現「誰在什麼時候做什麼事？」但更重要的不是那個時期「正在做」某項作業，而是在預定的期限前「結束」那項任務。而且，還必須把做完的結果交給下一項任務，使下一項任務順利地進行。因此，針對「該任務變成何種狀態可稱作結束？」這一點，必須由接收結果者的視角來定義，而非由該任務負責人的觀點決定。

實際做完的任務，要在條形圖上標示清楚。圖5．1用了反白文字來表現。

圖5.1　條形圖

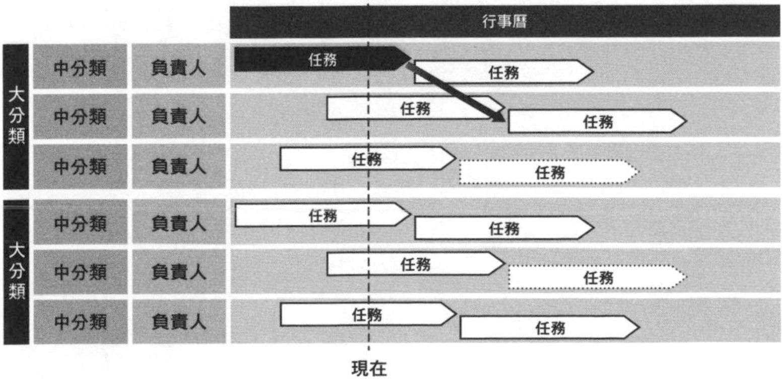

某個任務延誤時，哪邊會出現影響？

如果事情一帆風順地按計畫結束，那是再好不過了。可是在現實中進行任務，沒有不發生任何問題的時候，豈止如此，依問題大小而定，無法按預定計畫結束的情況也不少。在無法避免延誤時，條形圖在檢討延誤會對整體造成什麼影響、該怎麼做什麼才能使影響降到最低限度之際也能發揮作用。

就算一項任務的完成時期延誤，如果離後續任務開始前還有空檔，最糟的情況，趕在開始前完成就行了。但是，如果後續任務必須馬上開始，就會發生追撞，導致在此之後的任務全部延誤。這種任務之間的前後關係，有必要在條形圖上表現出來。圖5・1將某項任務的結束到另一項任務的開始之間用箭頭相連，表現兩者的前後關係。

有估算作業量嗎？

在條形圖上畫出的線條具有兩種意義。一種是「要趕上最終交貨日期，在這個時期前不做完就糟了」這種從終點反推回去的假說。

另一種是把任務進一步分解為精細的作業，由估算每一個作業花費的時間來疊加出作業規模。具體來說，考慮各個作業的規模給予點數，估算一個點數相當於花費多少時間，經常會以「點數×時間」的方式來計算總量。

關於這些做法，在另一方面也存在著「在準確估算出作業量前，無法畫出正確線條」這種看法。當然，精密地疊加所有作業再畫線會提升計畫的準確度是事實。但這種動作本身也要消耗成本，而且也有不建立大致策略就無法估計的部分，可說是某種「是蛋生雞還是雞生蛋理論」。一開始先掌握大概的規模，根據一般案例與經驗畫出臨時的圖表，再配合進度漸漸提升先前任務的估算準確度，是較符合現實的做法。

製作條形圖之際，要將疊加而成的規模適用從目標反推回去的假說，以調整計畫趕上最終交貨日期，但在套進從期限反推回去的線時，經常使用「距離（作業總量）＝速度（人員）×時間」公式。這個公式容易理解所以很方便，卻有兩個重大陷阱。

首先，就像跑步速度因人而異，作業的速度也有個人差異。比方說在開發系統時，從局部來看差異高達數十倍也不足為奇，若沒有納入考慮，計畫是不會順利的。再加上依場合而定，有可能變成「做得到還是做不到」的問題而非速度的問題。就跟即使找來四個跳高跳得過五十公分高度的人，也無法變成跳過兩公尺高一樣。無視這類前提條件只顧著增加人員，最後會造成到了期限還做不完、出現手邊無事可做的人，成為浪費資源的原因。

第二個陷阱更加嚴重。如果按照公式，應該是「一個人做要花兩天的事情，兩個人做一天就能完成」，但為了交流細節資訊、減少品質參差不齊，無論如何都會增加溝通上的成本。其結果實際如圖5．2所示，人力增加得越多，越無助於生產力的擴大。

當反推回去的結果超出預期，人們往往為了把臨時的線硬套進去而忽視了現實，在條形圖上玩起拼圖。不過到了執行階段會感到困擾的到頭來還是自己，注意更換任務的順序、在作業本身的組成下工夫，試著畫出符合現實的線條吧。

圖5.2　「距離＝速度×時間」的基本與現實

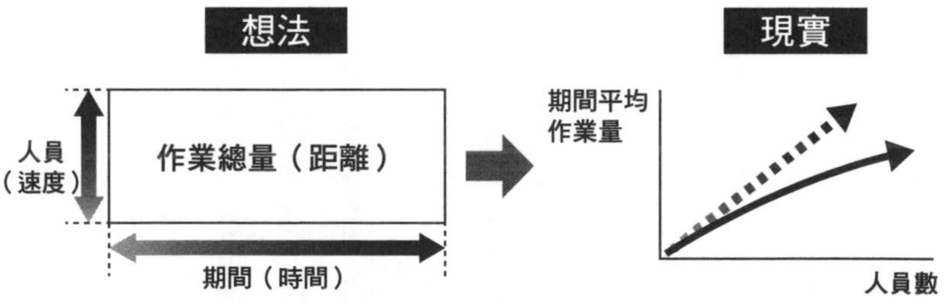

在會報時活用條形圖

條形圖在實際用來定點觀測團隊的活動時，才會發揮真正的功用。不過以現實來說，要配合實際的活動持續維護條形圖，光靠成員的自主性不會奏效。

因此，以定期會報的形式化為機制是最好的方法。在會報上應該掌握的內容大致有兩點。也就是「是否按照預定計畫進行？」與「有沒有發生問題？」。接下來讓我們依序來看看。

掌握進度

進度比預定計畫延誤的狀況有三種類型。「開始的延誤」、「進度的延誤」、「結束的延誤」。每一種的解讀方式與原因各有不同。不論是哪一種，在發生延誤時，追究原因檢討該採取的對策當然很重要，同時也有必要掌握「即使延誤，到何時為止不會對其他方面造成影響？」

是否按照預定計畫開始？

關於開始的延誤，可以用「成員是否在預定的日期開始作業？」輕易地掌握狀況。開始的延誤發生原因，大體上只有「前提條件沒準備好」。比方說，像是「本來預定根據某些輸入的資料展開作業，但資料並未輸入」、「本來預定進行作業的人員沒空」。在某項任務預定開始的日期快到時，要讓負責人確認是否能順利開始作業。

是否按照預定計畫進行？

作業開始後，下一點該關注的是「是否按照預定計畫進行？」。如果沒掌握好這一點，將會發生「在發覺時已經趕不上期限」的狀況。要避免這種狀況的關鍵字是「量化」。關於量化常見的負面例子（反面模式），是像「開始作業，進度10%」、「做完這件事就達到80%」這樣用比率來表現進度的做法。用高爾夫球來比喻，就好像是球技不佳的人說著「開了球就打完20%」、「攻上果嶺就打完80%」一樣，在絕大多數情況下，進度大約會在80%左右卡住。

適當的做法，是使用在估算時設定的點數，當一項作業完成時就代表消化了那份點數。這樣一來，用所有作業分配到的點數總和為分母，已完成的作業點數總和當分子，可以在一定程度上掌握符合現實的進度率（圖5・3）。

看起來是否能按照預定計畫完成？

確認進度最後的重點，是「看起來是否能按照預定計畫完成？」以及「按照預定計畫完成了嗎？」到了任務後期，在一定程度上可以看出「按照這個步調繼續作業需要做到什麼時候？」打亂這些預估的重大原因，是在作業過程中發生的問題。為了避免「作業全都做了，卻因為有未決定事項無法結束」這種狀況發生，除了作業的消化情形，有必要同樣檢視問題的發生／解決狀況。

圖5.3　進度線

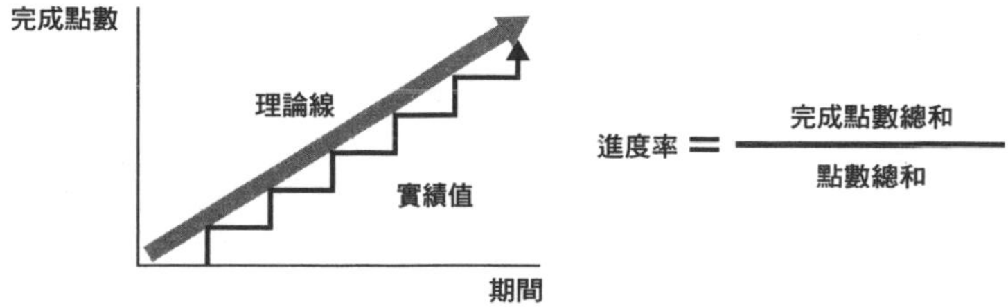

應對危險的徵兆

使用條形圖定點觀測的目的之一，是適當地掌握問題的發生。如果問題得到負責人適當地報告，每次都順利解決的話那很好，不過在並非如此的情況下，也得察覺危險的徵兆。

以下列舉了四個常見的危險徵兆範例。

①任務沒有結束，多次重畫線條
②發生的問題數量多到無法全面應對
③成員沒對問題提出報告
④開放式問題很多

那麼，讓我們依序來看看。在這裡會談到發現問題的方法，關於實際解決問題的方法將在第六章說明。

危險徵兆①：多次重畫線條

在實際展開作業後，很有可能會發現做起來比預估的更費時。這麼一來，就必須延長作業期間重畫線條。如果只重畫一次沒有關係，但反覆重畫兩三次是危險的徵兆。碰到這種情形，要懷疑以下的可能。

＜任務持續增加＞

作業開始之後，有時會發生新的任務。如果任務增加了，也就是與目標距離變遠，重畫任務增加部分的線條就行了。

但是，任務持續增加的狀況，暗示了團隊並沒有認清達到完成條件該做什麼。此時先暫停作業，集中釐清該做什麼事吧。等到釐清所有該做的事之後，重新畫線。經過這樣的修正後，要追蹤一陣子任務有沒有停止增加。

＜作業停頓＞

另一方面，也有著手處理作業，卻不知道該怎麼進行而停頓下來的例子。這種情況可以說是迷失了目標的位置。就算作為負責人想設法進行下去，不過苦惱做法時，作業也無法向前進展。這種狀況結果會導致延誤。如果有不知道目標所在位置的理由，第一步要查明理由。召集相關人士，查明原因並思考怎麼應對吧。

危險徵兆②：發生大量問題

成員在問題發生時提出相關的報告，同時也代表團隊活動受到健全的經營，未必都是壞事。但是，當發生的問題超過能夠解決的範圍就必須注意。

判斷是否位於危險水域的基準，是「有沒有阻止問題發生的頭緒？」剛開始作業的階段有時候會發生大量的問題。儘管如此，等膿液在一定期間內排淨，接下來論點會轉移到是否能消化發生的問題。

可是，如果天天發生問題而且沒有停止的跡象，有可能是計畫尚未達到可以作業的狀態。請千萬別對這種狀況坐視不顧，分析發生了哪些種類的問題。根據結果探討要不要實施新的任務來阻止問題發生。

危險徵兆③：成員沒對問題提出報告

報告太多問題的確很危險，不過看得清敵人的樣貌，可以說還算容易處理。另一方面，實際作業的人員沒對問題提出報告的狀況也有必要視為危險的徵兆。在這種情況，人員有可能僅僅在做「做得到的事」而非「應該做的事」。如果正在作業的人員是有自覺地推遲做不到的事情，只要讓他們養成報告這種情形的習慣就能解決。不過，如果沒有自覺，事態則更加嚴重。

造成這種狀況的原因，幾乎都是任務的目標設定模稜兩可。當根據團隊整體最終目標決定的「該做的事」不在「做得到的事」範圍內，在「做得到的事」內部作業的人員眼中看不見不足的部分。也就是看不清四角型房間的整體情況，在以自己為中心的圓形內打掃的狀態。請務必重新審視「該做的事」。

危險徵兆④：開放式問題很多

「開放式問題」是指讓對方自由回答的問題。而相對的「封閉式問題」，是應該用是或不是來回答的問題。舉例來說，「這個是什麼意思？」屬於開放式問題，「這是指

○○的意思嗎？」則為封閉式問題。如果正在作業的人員提出的問題有很多是開放式問題，也應該視為危險的徵兆。

在明確理解自己該做的事，想問出所需資訊時，自然會以封閉式問題發問。若非如此，作業者有可能並未準確地掌握自己所處的狀況。

在這種情況，要聽取作業者的意見，確認「你要往何處前進？」「現在的階段是？」「有沒有準備好必要的資訊？」「沒有的話，認為該怎麼準備好？」總之，就是確認作業者是否正一邊自行取得必要的資訊一邊向目標邁進。如果沒有，就暫停作業思考該怎麼樣才能解決。

使團隊擁有「鳥之眼」

到這裡為止，我們看過了使用條形圖掌握團隊狀況，發覺問題的方法。不過，條形圖的意義不只察覺問題而已。讓我們來看看使用條形圖對於團隊的意義。

不從高處俯瞰就會迷路

專注於某個作業時人們會想著什麼樣的事情？思考這個問題時，首先請試著注意建立作業計畫的時間點。

我們在第二章思考過建立計畫的方法，對於個人任務來說，也可以說是一樣的。為了從現狀朝應達成的目標邁進，要考慮到前提與限制，逐步地登上階梯（圖5・4）。

圖5.4 | 計劃作業時思考的事情

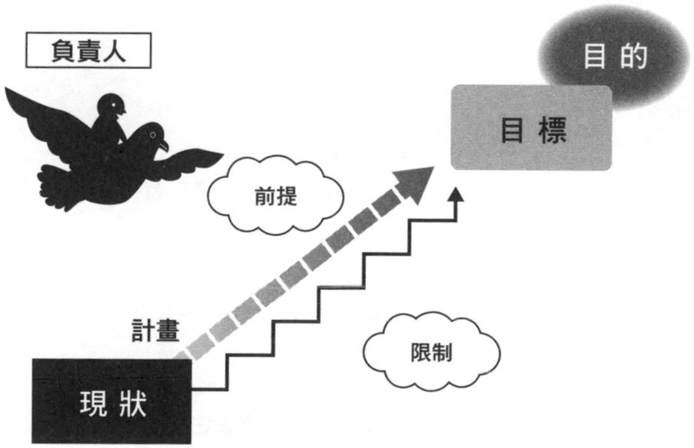

如同這般，我們在建立計畫時會俯瞰現狀與目標來思考，不過當實際投入作業，思考就會越來越具體化。想著該如何推進事物，要是被小石頭絆倒，又會動腦想著該怎麼清掉小石頭。在這樣的過程中，視野會變得越來越狹隘（圖5．5）。像前面也曾提到的，這種個人深入挖掘的思考很難傳達給並未共享其中過程的對象。

另外，像這樣思考本身完全不是壞事，不過在思索過程中陷入死路、事後看來選擇了繞遠路的狀況並不少見。

為了避免陷入這種問題，交互靈活運用俯瞰觀點與個別的、具體的應對觀點很重要。總之，這也是在作業上時時重新掌握當自己思考的事情與面臨的問題替換到整體當

圖5.5　在作業時思考的事情

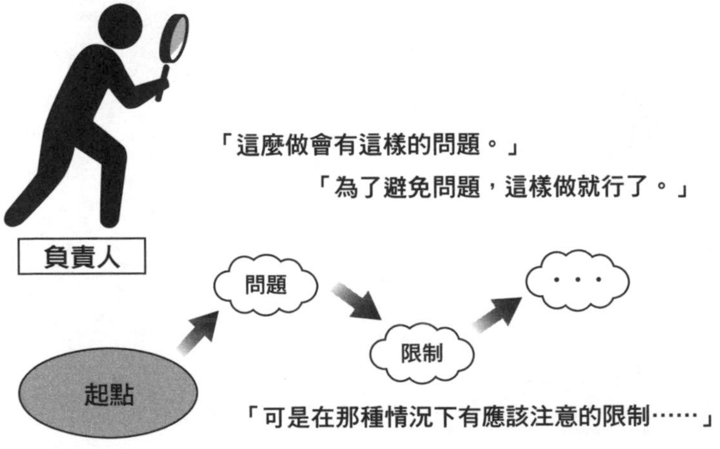
「這麼做會有這樣的問題。」
「為了避免問題，這樣做就行了。」
負責人
問題
‧‧‧
限制
起點
「可是在那種情況下有應該注意的限制……」

中會如何。不過，人在專注投入時很難縱觀全局。這時候舉行定期報告等活動會有明顯的幫助。

發言能夠整理思緒

考慮團隊進行定期報告的效果時，有一段逸聞可作為參考。在某所大學的計算機中心，服務台旁邊總是放著泰迪熊玩偶，據說為了不可思議的程式錯誤而苦惱的學生，在找工作人員討論前必須先對著玩偶說明。*2 為什麼要做這種事呢？

如果沒受過特殊訓練，我們獨自思考時只擁有自身的視角。不過要向他人說明時，就懂得去想「對方聽懂了多少？」「用什麼順序說出來能傳達給他？」等等。就算對象是隻玩具熊，試著說明的行為本身就有整理腦中思緒的效果。結果，有時候不需借助他人幫助就解決了問題。

另一個問題是，人在專注於作業時只看得見具體的個別事項。在告訴別人時，若因為想正確傳達而談論細節，說得越多對方可能會越難以理解。此時重要的是，組織更大的「情節」來告訴對方。比方說，想向外國人傳達日本的魅力時，大家會這樣說嗎？「有座叫淺草寺的寺院掛著大型燈籠，寺院境內有很多商店，最適合購買土產」。就算想介紹淺草寺，若是沒有先概略說明「首都東京是現代化的大都市，不過也保留了許多從前建造的木造宗教建築……」對方根本聽不懂。

要對跟自己完全沒有共享相同脈絡的人傳達自身視角所見的事物，必須先讓視角達成一致。為了做到這一點，必須用與對方共享的地點當成出發點，經過一路走到自己所在位置的步驟。讓負責人不沉溺於眼前的作業，促使他們像這樣在整體情況中掌握自己的所在位置，並持續用言語描述出來也是很重要的。

※2 Brian W. Kernighan、Rob Pike合著《The Practice of Programming（暫譯：程式設計實踐）》第173頁。

代為陳述負責人的視角

在負責人沉溺於眼前的作業迷失整體情況之際，請從負責人的視角代為陳述情節。思考換成自己會怎麼說明，一邊發問引出需要的資訊，一邊代替對方說明。

說明完畢後，確認負責人聽完後是否覺得哪裡不對勁。如果情節正確，負責人心中會重新產生「鳥之眼」。即使一開始需要第三者代為陳述自身視角，在重複幾次之後，該視角將在他們心中扎根。腳踏實地重複進行這種方式，為團隊整體培養「鳥之眼」。

第 6 章

解決問題
同時前進

用團隊解決問題

在上一章，我們看過了如何將團隊活動視覺化，建立發現日常發生問題的適當機制。但光是發現問題還不夠，必須實際應對加以解決。本章就以解決問題以及調整問題造成的影響為主題來思考。

發生問題時首先要採取的行動是「S・T・O・P」

發生問題時，必須特定該問題的影響範圍，思考如何應對。這個動作稱為「損害管制」。

在發生問題時必須避免的行動有兩種。第一種是什麼也不做的等問題過去。從結果來說問題或許會在作業中解決，但如果沒有，能夠因應的時間會越來越少。如果受傷流血，我們會先止血對吧？這方面也是一樣的。視情況而定，時間是最寶貴的資源。放著傷口不管，時間會像鮮血般流失，很快地變得來不及挽救。

第二種是沒頭沒腦地動手企圖解決問題。如果以結果來說能在短期間內解決是很好，如果沒有，特別是當領導者動手做事而喪失大局觀，團隊會發生嚴重的混亂。無論第一種或第二種案例，原因都出在沒安排時間冷靜地對問題下判斷，可以說是兩種極端的表現。

因此，進行損害管制上最重要的是先做好心理準備。這個原則可以從野外活動的心得當中學到。這種原則由發生問題時應採取的各種行動取字首組合而成，稱之為「S・T・O・P」。

S是「Stop（停止）」。在發生問題時，首先請停下來。問題發生後最初該做的事，是認識到「發生問題了」。

下一步該做的是「Think（思考）」。也就是思考必須做什麼來應對那個問題。

然後進行「Observe（觀察）」。環顧四周，檢查有沒有必要的東西。請檢查有沒有團隊成員手邊有空？成本及期限還有多少餘裕？有沒有其他可用的東西？

最後是「Plan（計劃）」。建立應對問題的具體計畫。重要的是確保有時間冷靜地下判斷，別忘了收集判斷所需的材料。

理解基本的問題解決技巧

就算用「做計畫」一句話帶過，沒有學會解決問題所需的基本技巧，很難順利做好計畫。看到什麼就散亂地提案「我認為一開始先這樣做就行了」會發生什麼狀況？如果問題很簡單，或許這麼做也能解決。可是對於有多重要素複雜錯綜的問題，突然要自下而上的思考解決方案也不會成功。以下是這種情況中經常發生的事。

- 「可是這麼做會發生這種問題……」解決方案不停被指出各種問題
- 「像這樣的做法更好」其他人陸續提出不同的解決方案，場面無法收拾

碰到這種情況，使用第三章及第四章介紹過的技巧整理論點也很重要，但在一定程度上按照框架討論更能順利地進行。首先讓我們來理解解決問題的框架（圖6・1）

解決問題基本的框架，大致上是有「設定課題」與「檢討解決方案」還有「執行與評估解決方案」所構成。設定課題是指釐清為何會發生那個問題，檢討解決方案正如字面上的意思，是檢討解決問題所需的手段。在決定解決方案後執行，評估是否有實際解

決問題。

讓我們分別依序來看看。

設定課題

業務上的問題，一開始是正在進行作業的負責人腦海中浮現一絲不對勁感「事情並沒有想像中順利」。不對勁的感覺在不久後會化為預定計畫與實際表現的差距顯現在條形圖上。作業並未按照預定計畫進行，對於團隊而言的確造成困擾。但是延誤本身是個單純的事實，無法直接解決。為了解決問題，首先必須設定「非做什麼事不可？」這個課題。這個課題設定比表面看來更加重要。如果課題設定的方式出錯，問題很可能不管過了多久都沒有解決。舉例來說，這代表會發生「明明因為線上系統無法連結而調查系統是否損壞，結果只是自己的電腦沒有連上網路」這樣的狀況。因此，課題設定的第一步是「查出產生問題的原因」。

圖6.1 解決問題的框架

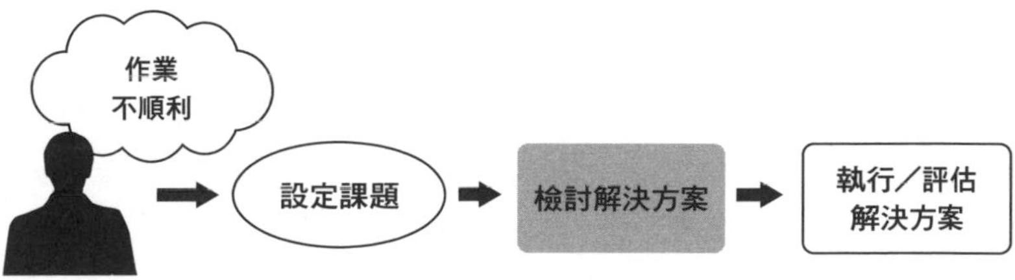

尋找根本原因

雖說要「查出原因」，只要因果關係清楚，課題就很明確。一個例子是「由於環境變化，以後無法再做到現在所做的事」的情況。在「由於倉庫老舊無法再使用，必須尋找搬遷地點」這樣的情節中，「決定搬遷地點」本身已經成為明確的課題。

不過，有許多問題的因果關係並不明顯。例如「作業沒有如預期般結束」就能想出好幾個原因。

- 作業量比想像中來得多
- 能騰出的作業時間沒有預期的長
- 成員缺乏作業所需的技能

在現實中，問題是綜合種種原因產生的，但如果不針對其中最大的原因來追查，便無法解決問題。例如，原因明明是「忙著應對外部來電，無法確保作業時間」，就算提升成員的技能，在本質上問題也沒解決。一旦時間不夠，人往往會因為焦慮想從看到的問題開始處理，但欲速則不達。養成採納實際作業者的意見，仔細找出根本原因的習慣吧。

釐清因果關係

根據因果關係，把提取出來的原因整理為樹狀結構圖（圖6・2）。圖中的箭頭代表原因與結果的關係。例如，「作業時間」與「技能」是作業未結束的原因。即使是一開始引起注意的原因，隨著挖掘有時會發現更加根本的原因。以圖中例子來說，磋商次數多的理由是能做決策的人有

圖6.2 因果關係樹狀結構圖

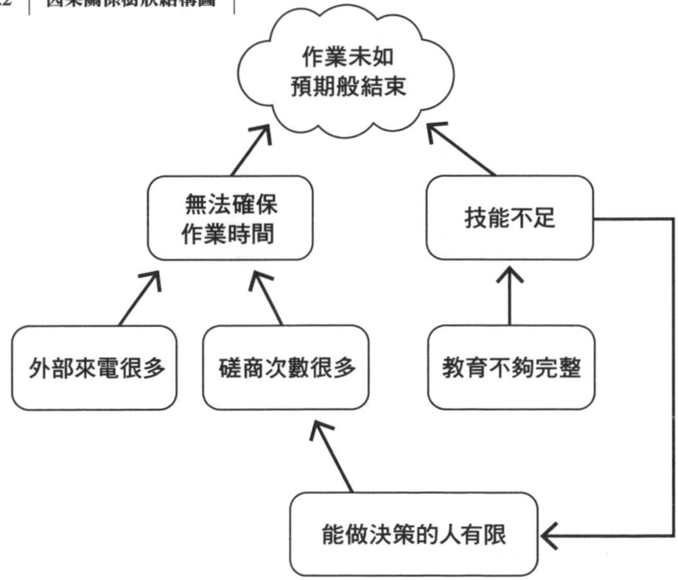

限，可以發現那個原因其實在於「技能」。

這種挖掘原因的手法，著名的有豐田汽車的生產方式「五問分析法」。做法是對於問題反覆地問「為什麼會這樣？」雖然設定的反覆詢問次數為五次，請注意重要的並非次數，而是有沒有觸及該課題本來的原因。

像這樣提取原因之際，請小心別過度拘泥於邏輯的涵蓋性。重要的是在解決問題上找出關鍵的課題，而非把預想的原因用邏輯方式整理得整整齊齊。

檢討解決方案

建立假說

在檢討解決方案上，重要的是先建立假說。只要建立「應該這麼做就能解決吧？」的大略假說，細節可以等到之後再添加。在此，我們來試著建立「增加人手以確保作業時間」這個假說。

以論點為基準整理選項

建立假說後，開始檢討具體的解決方案。此時該做的第一件事是整理論點。如同第三章說明過的，論點是指「在討論上化為焦點的重點」。此處也可以換個說法，是「通往最終解決方案的路上的分歧點」。也就是說，最終解決方案將隨著對特定論點採用哪個選項而有所變化。

調查論點時，別涉及個別論點的詳細內容，請意識到要先涵蓋各論點（圖6．3）。因為後面的階段若出現「必須把這樣的事也納入考慮才行」的討論，話題會倒回去反覆議論，得不出結果。

只是，即使知道這些原則，對於個別論點的相關知識越深入，想思考那些論點的吸引力就越強。為了不輸

圖6.3 舉出論點

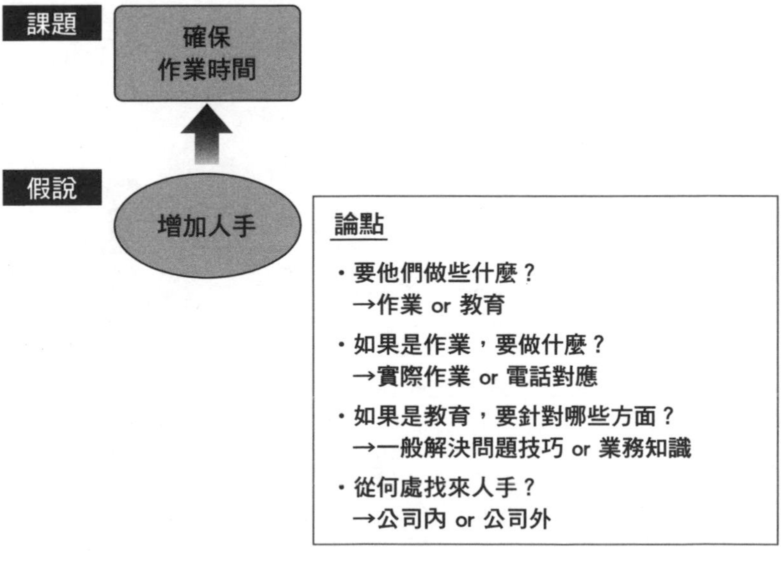
課題
確保
作業時間
假說
增加人手
論點
・要他們做些什麼？
→作業 or 教育
・如果是作業，要做什麼？
→實際作業 or 電話對應
・如果是教育，要針對哪些方面？
→一般解決問題技巧 or 業務知識
・從何處找來人手？
→公司內 or 公司外

給誘惑，團隊中能互相指出彼此的問題十分重要。

出現多個論點時，要整理各個論點之間的相依性，將無相依性的論點劃分出來個別討論。盡可能縮限一次討論的對象，是展開有效率討論的訣竅。

整理論點與設定課題，並非單向流動。如果論點範圍過廣，請注意回到設定課題步驟，設定得更加具體化。

用限制為基準構築解決方案

談到這裡，整理了必須考慮哪些要點以及對此可提出什麼方案。接下來，必須連結這些選項引導出解決方案。那該怎麼做才好呢？我們來試著思考後續的進行方式。

如果想對於這裡提出的論點思考所有可能性，會像圖6．4所示出現無數的解決方案。如果全部

圖6.4 大量出現的解決方案

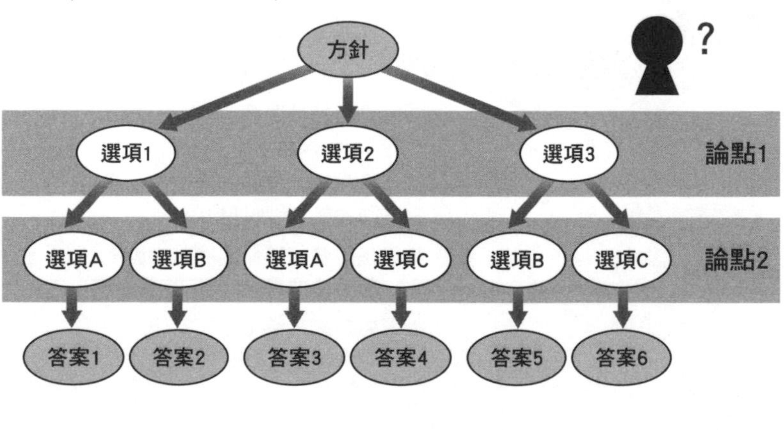

可以實現那很好，但現實受到限制，無法達成所有的選項。為了避免光是拋出許多解決方案導致討論散亂，首先要從整理這些限制開始做起。以前面的「增加人手」解決方案論點為例，可以舉出下列限制。

- 公司內部其他團隊也沒有餘力調動人員
- 公司外的人員沒有實際作業所需的知識
- 公司外部沒有人能教導業務知識

針對這些限制思考時，訣竅還是暫時做出「假設做這件事，會怎麼樣？」的局部結論，並具體地思考。像這樣根據指出的限制縮限選項，能夠引導出有效的解決方案（圖6．5）。根據這些限制，可以想出以下解決方案。

圖6.5 得到解決方案

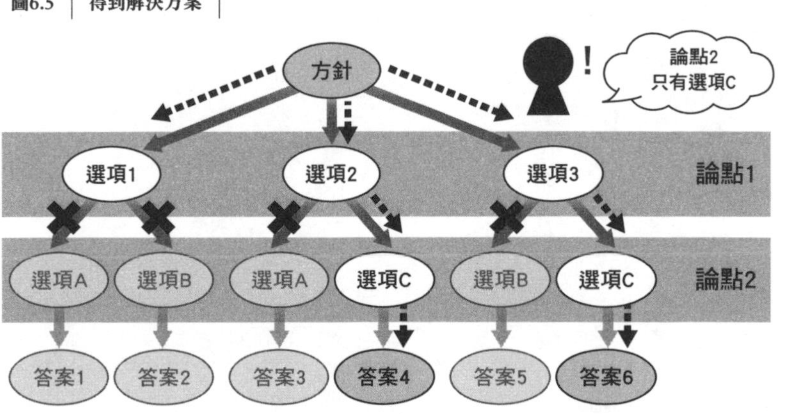

- 把應對來電的服務外包出去
- 上外部教育課程學習一般知識

只是當這類限制出現，除了以限制為前提來思考解決方案，有時候懷疑限制也很重要。對於「公司內部其他團隊也沒有餘力調動人員」這項限制，或許能想到「重新審視團隊之間重複的作業，減少業務量」這樣的改善方法。請記住，寬廣的視野與靈活的構思常常能開闢道路。

執行並評估解決方案

決定解決方案後，接下來只剩下付諸執行。不過，如果有多個判斷有效的解決方案，必須排出先後順序。這時候，用效果與難易度當軸心的矩陣是很方便的工具（圖6・6）。這種矩陣稱作「支付矩陣」，請把舉出的解決方案列入矩陣當中。基本的思考方式，是最優先實施簡單且可望收效良好的方案，效果低但執行簡單的方案依成本而定可以實施。至於效果良好但實施困難的方案，需要有計畫地安排。而效果低、實施也困難的方案就將順位延後。

執行解決方案後，別忘了要評估成果。經過一段期間之後，請重新審視設定的課題是否達成，本來想解決的問題是否也獲得解決。

圖6.6　支付矩陣

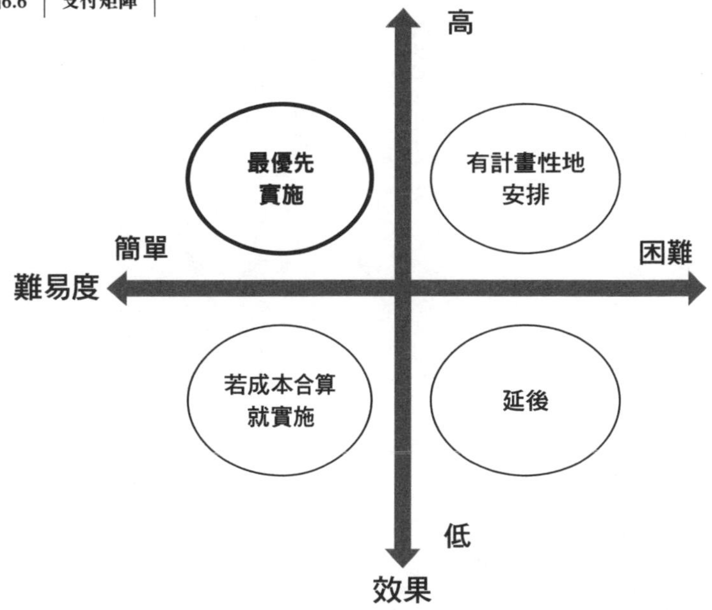

調整對外的影響

注意解決方案的影響

若所有問題都能在團隊內解決當然很好，但實際上，影響擴及團隊之外的情況並不少見。碰到這種情形，需要對受到影響的對象進行調整，得到他們的認可。

發生需對外調整的情況有幾種模式，讓我舉些例子。

- 對於團隊沒有裁決權的事項徵得高層批准
- 委託其他團隊做某些事

舉例來說，「想實現所有要求會超過期限與預算」這種狀況，反過來說等於「只要可以調整期限與預算，就能實現要求」。這樣一來，關於應該選擇「減少要求在現有期限與預算內完成」或是「就算超出期限與預算，也要達成所有要求」，需要請示擁有最終決定權的對象下判斷。

在針對某個問題思考「怎麼做才能解決它？」的時候，思考會傾向於問題內部，也就是往分解成細節的方向。相對的，要思考「那個結果會發生怎樣的影響？」就必須從外側俯瞰事物。在進行工作時，有必要靈活運用兩者（圖6・7）。關於這方面，首先要隨時意識到團隊的裁量範圍，嚴格區分可以自行下判斷與不能的事項。

圖6.7　思考的兩個方向

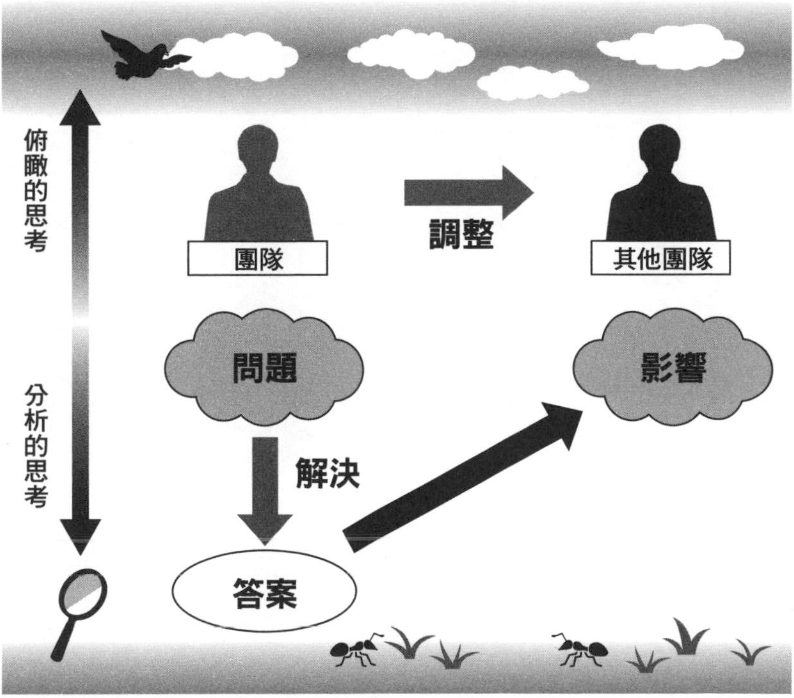

不語帶「威脅」

關於無法自行判斷的事情，必須向能下判斷的對象進行調整。以下是進行這種對外調整工作時不可忘記的重點。

- 以對方看得懂的形式整理論點
- 提出選項，給予判斷準則

向不知道團隊內部至今的討論與話題流向的對象做說明時，若沒意識到對方的立場，採取與對待團隊時相同的態度會發生什麼情況？以前面的交貨期限與預算為例，會像是以下的說法。

「我們收到廠商的估算，得知交貨期限將延誤半年，成本超出一千萬圓。雖然經過檢討，看來沒有辦法改變，只好不得已下訂單了，請批准決議。」

像這種說法，聽到的人連發生了什麼問題也不知道，沒有任何選擇餘地。要說有選擇，頂多是不下訂單讓一切回歸到最初階段而已。這是以調整為名的「威脅」。這麼極端的案例聽起來像是半開玩笑，但雖然有程度之分，我想不少人應該都有被強行要求做出這種別無選擇判斷的經驗。我們來看看，為了不讓協調變成威脅需要些什麼。

站在對方的視角發言

一個人一次能思考的領域有限。也就是說，越深入仔細地思考某件事，越會欠缺事情從外側看來觀感如何的觀點。特別是一旦摻雜了「我一路努力到這裡」的情緒，事情就會變得複雜。因為人會在不知不覺間建構出我是怎麼想的、我在那裡投注了多少勞力這種「自己的故事」。

在自己構築出的故事內說明也無法傳達給對方。「我是怎麼想的、怎麼努力過來的」這件事，在這種場合和對方幾乎毫無關聯。要是不脫離自己的故事，說得越多越沒辦法傳達給對方，還會因為意思沒被聽懂感到惱怒，陷入惡性循環。進行調整時，要一度把思緒歸零，意識到從對方的視角來眺望全景。

從對方的角度來看，想要的資訊大致上為兩項。也就是「尋求的結果是什麼？為什麼？」和「為此做了什麼準備？」有時候告訴對方「希望你採取哪些行動」比較好，但大多數情況下，告訴他尋求的結果並一起思考達成的步驟，溝通會較為順暢。這麼一來，應該做的事自然有限。

- 告訴對方希望他怎麼做，理由是什麼
- 想想對方的判斷根據是什麼，將資訊交給他
- 預測對方會問的問題，準備答案

請意識到對方擁有的資訊與他感興趣、關注的事，以這種方式應對。

提出選項

事物必然會有選項存在。有些案例是能自己想出多種做法，也有些案例是不得不從既有的方法中選擇一種。再加上，還有人設計了排出優先順序的框架。「QCDS」便是一個例子。那是取品質（Quality）、成本（Cost）、交貨（Delivery）、功能（Scope）字首組成的縮寫，為軟體製作的管理指標。在大多數情況下，對於品質無法

妥協而延後交貨期限，成本也會相對增加。因此，一般會在「擴展交貨期限與預算，做出所有功能」或「減少功能以在現有期限及預算內完成」之間做選擇。重要的是檢討這些選項，並展示給實際下判斷的人看。

有多個選項的情況，一般建議以「比較優缺點」、「提出上中下三種方案」、「製作得分表」等方法做整理。不過，若非在理解為何這麼做的前提下去做，這些「規矩」都沒有意義。重要的是，提出應該出於什麼觀點選擇的判斷基準。雖然有些案例針對個別選項深入挖掘資訊是有效的，但那也是因為有判斷基準所致，缺乏基準地增加散亂資訊，反倒只會讓人更難以選擇。

如果希望對方得出與自己相同的結論，首先要引導他用和自己相同的判斷基準來思考。如果根據基準做出的分析在邏輯上是正確的，對方應當也會順利地認同。

增加能夠思考並行動的成員

「不做決定的領導者」對「不思考的成員」？

到這裡為止，我說明了關於解決問題與調整的步驟。最後剩下的重點是「在團隊中由誰來推進這些事？」如果在這方面的應對上出了差錯，團隊內的信任關係會發生嚴重的問題。

各位可曾聽過團隊成員抱怨「領導者不肯做決定」？在這種情況下，領導者大多也會抱怨「成員們不肯思考」。之所以發生這種現象，是因為對於解決問題及對外調整這些具體的動作，在「思考並實際行動」的過程中停頓之故。意思是領導者期待成員提案行動的內容，而成員期待領導者指示他們怎麼行動。

這麼一來，領導者和成員之間會出現嚴重的隔閡，導致不管經過多久問題都沒解決。若應當對團隊的成果負起責任的領導者放著隔閡不管，「事不關己的情緒（缺乏自主性）」將在團隊內蔓延。

團隊的任務設有期限，因此也存在只能把事情交給會做的人處理的狀況。不過，不論是解決問題或調整的步驟，都是包含收集資訊在內，很花時間的作業。如果「只有特定的人做得到／去做」，能夠輕易想像得到負荷集中在那個人身上，造成瓶頸使團隊的行動變得遲鈍的狀況。

增加能夠思考具體動作並行動的成員，是團隊要脫離負面螺旋的重點所在。那麼，該怎麼做才能增加這種成員呢？

把價值放在「突破」

我以「思考」與「行動」為軸，製作了性格分類矩陣。（圖6．8）。[*1]「自我貶低型」不思考

圖 6.8　性格分類矩陣

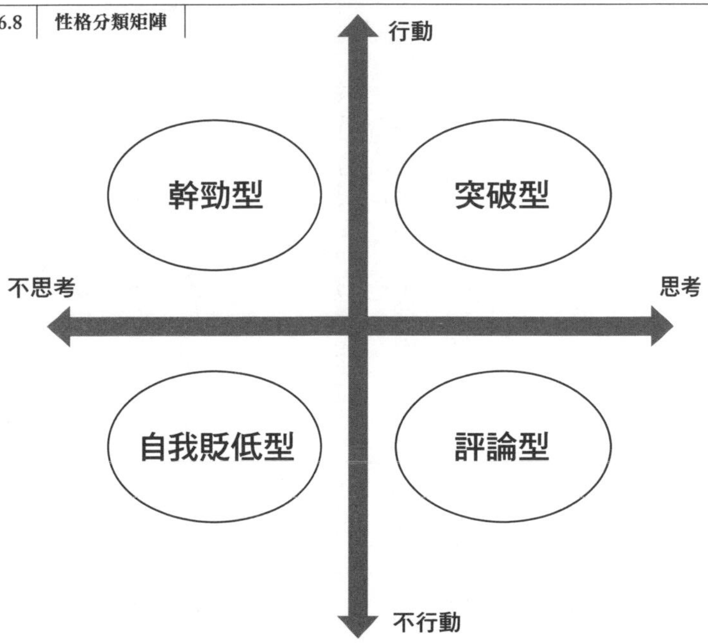

也不行動。這種人對事物沒有成功的想像，畏懼失敗，無法擁有改變現狀的意識。他們只會在現狀中按照指令做事。「評論型」雖然會說「這可不妙」、「應該這樣才對」，卻不思考「為此具體而言該怎麼做？」不會展開行動改善問題。大多數情況下，這種思考停滯來自於「思考這些問題是領導者的工作」這種想法，並且會連結到「可是領導者卻尸位素餐」這種對於領導者的批判。相對的，「幹勁型」對於決定好的事會積極地展開行動，但未能掌握「為何有必要這麼做？」也不會懷疑「這種做法真的好嗎？」結果，有時候會繞了一大圈遠路。

身為領導者，必須引導這些成員轉化為懂得思考與行動的「突破型」。因此重要的是思考突破現狀所需的具體行動並執行，把實際改善現狀的價值滲透到整個團隊中。對於「評論型」成員，在發現某些問題時要像「對於這個問題能做些什麼？」「該怎麼做才能解決那個課題？」這樣拋出促使其具體行動的問題，讓他的意識轉向行動。另外，對於「幹勁型」成員，要時時讓他們將意識投向目的與理想狀態，去想「我是為了什麼理由在做什麼？」對於「自我貶低型」的成員，要引出他的問題意識，引導行動，並將結果化為「狀況變好了」這種細微的成功經驗累積起來。

在本章中看到的「解決問題」與「對外調整」，一開始或許得由領導者來推進。不過，請注意把在行動中得到的知識化為團隊的外顯知識與大家共享。累積這些活動，將學到怎麼由團隊解決每天發生的問題並向前邁進。

*1 本分類參考渡邊健介著《解決問題最簡單的方法：在情節中學會麥肯錫5大思考工具》（中文版由時報出版，二〇一七年）。

第 7 章

建立
運行工作的循環

建立工作循環

行文至此，我們看過了如何建立計畫、讓團隊認知保持一致，以及解決問題向前邁進的方法。

如果想作為團隊朝某個地方前進，必須在一定的期間內按照一定的節奏向決定的方向前進。沒有任何控制，忽而向左向右地改變方向，只會在原地打轉。

另一方面，也不是一旦做出決定就得無止盡地走下去，有必要定期停下腳步確認自己所站的位置。因為沒有任何保證能打包票一開始決定的方針絕對正確。保持一定的節奏，偶爾加入休息時間，兩者都是必要的。

建立這種工作循環，同時讓團隊與成員都逐漸成長的方法，就是本章的主題。

不變的基礎PDCA

無論要達成目標或是作為團隊成長，最重要的果然還是PDCA。我想有不少人都知道，PDCA是主要用來順利進行品質管制等管理業務的手法之一，透過反覆循環Plan（計劃）→Do（執行）→Check（評估）→Act（改善）四個階段，持續改進工作。因為在四個階段跑過一圈後會再度回到Plan階段，呈環狀不斷改進業務內容，因此又稱作PDCA循環（圖7・1）。

關於PDCA，我不時聽到有人發出的疑問是「不懂Do和Act有什麼差異」。一方面的原因可能是兩個英文單字意思都是「執行」，不過就像剛才寫在括弧中的「改善」一樣，請想成Act是面對執行結果的評估所做的改善活動。

PDCA循環運行的期間，有三到五年左右的中期經營計畫、年度經營計畫這樣跨度大的循環，也有每季度、每月、每週一次的短期循環。五年這段漫長期間，到頭來也是由日常累積而成，期間較長的PDCA循環，是由反覆運作期間較短的

圖7.1 | PDCA循環

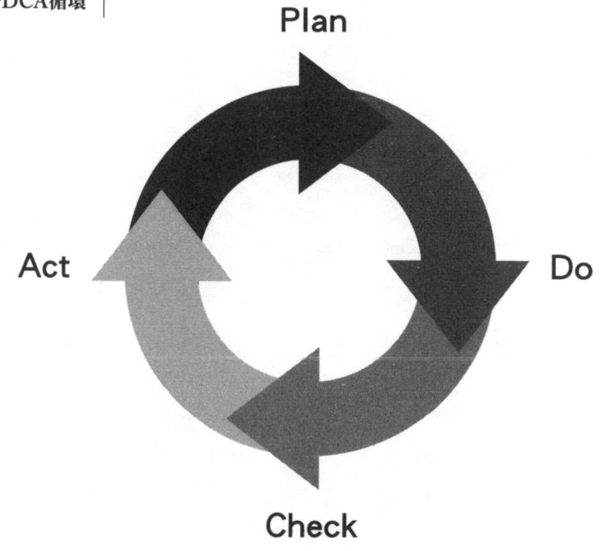

ＰＤＣＡ循環構成的（圖７．２）。

而業務內容是否以例行工作為中心，ＰＤＣＡ循環的意義也會有些差異。如果業務內容以例行工作為中心，每一個執行期間會較短，以天為單位或以週為單位。運行的目的在於即使是做同樣的事務，也要追求更有效率、更低成本的作業，或是漸漸達到更高的水準。

另一方面，像是系統開發這種朝向長期目標的計畫，運行ＰＤＣＡ的目的除了業務改善之外，也包含掌握開發途中狀態以修正向目標邁進的路線。

圖7.2　PDCA循環的交疊

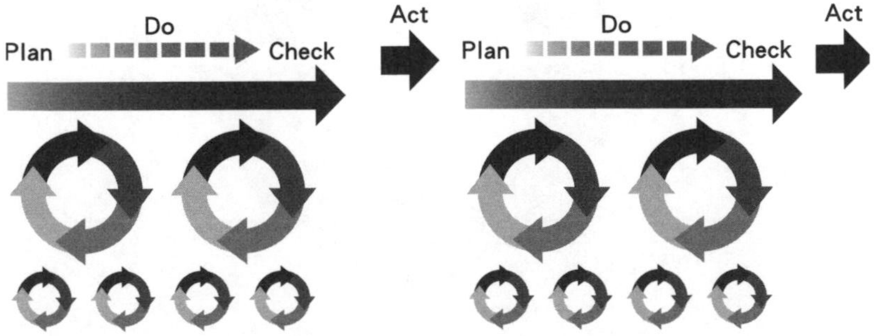

執行（Do）後必定要回顧（Check）

既然是工作那就非得做出成果，無論任何團隊，都會努力以某種形式達到建立計畫開始執行的階段。然而，給予成果適當的評估，依評估改善下一個計畫的團隊比例在我印象中並不高。要說在執行途中會定期做評估的團隊比例，那就更低了。

因為有回顧，PDCA才得以運行

使PDCA循環固定化，連結到團隊成長的關鍵字是Check（評估）。就算做了計畫，有頭無尾會依然是「做得到的事做到、做不到的事做不到」，沒有成長。特別是失敗時，就算下次有機會再做相同的事，因為沒弄清楚以前失敗的原因，會同樣地建立計畫、同樣地失敗吧。

就像伸展到頂點的活塞在收縮後才會開始產生旋轉運動，有意識地進行Check後，PDCA循環才首度開始運行（圖7．3）。不過，如果僅是某個人在心中進行Check，雖不至於說這沒有意義，但無法引起團隊成長。改善措施必須作為外顯知識與團隊共享才行。

在系統開發的世界，用稱作「回顧」的儀式來進行Check。正如字面上的意思，這是從成品、過程兩方面回顧過去的成果，以做到下一次的改善。

回顧的時機

這種重要的回顧必須定期實施。不過，在參與直到最終成果出來為止得花費一年的長期專案時，等到一切都結束後才回顧就太晚了。如前面所述，回顧也具有看清現在位置，修正通往目標路線的效果，為了最大限度活用這個效果，回顧必須在專案途中進行。

回顧的時機有兩種。一種方法是在業務告一段落時進行。在這種情況，就算是PDCA循環尚未全面固定化的組織，當業務告一段落時，「必須做回顧」的意識也會發揮作用。經過一定期間的活動會做出某些成果，看著成果來回顧也容易理解。不過，對於告一段落的判

圖7.3 Check很重要

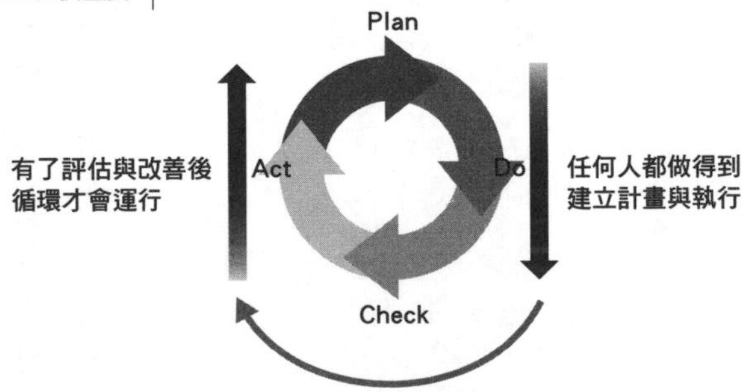
Plan
Do
Check
Act
任何人都做得到
建立計畫與執行
有了評估與改善後
循環才會運行

斷依看法而定間距有長有短，並不穩定。當段落之間相隔數個月之久，在這段期間完全不回顧也值得商榷。

解決這種問題的另一個方法是「定期舉行」的想法。採用這種做法時，要決定好做回顧的期間，時機一到就強制進行。

這段固定的期間稱作「時間箱」。建議大家把時間箱的期間設定為兩週。一週相距太短，回顧的時間本身會壓迫到作業，可說的話題卻沒想像中多。相反的，設為一個月間隔太長，有可能發生「要是更早發現，明明能有所應對」的狀況。這麼一想，作為團隊集合的節奏來說，兩週一次剛剛好。

比方說，如果把時間訂在「隔週一上午十點開始的一小時」，成員們的行程也容易配合。相反的，如果要說缺點，那就是由於在作業途中進行回顧，出自宏觀視野的內容難以形成話題，舉例來說的話，討論容易偏向怎麼做才能使作業更有效率／有所提升這方面。

有鑑於這些情形，正確答案是「兩種都做」。用一定的節奏定期舉行回顧，同時在工作到了重大段落時也進行回顧。

意識到回顧來建立計畫

在計劃時就應該意識到回顧，而非等到回顧的實行階段才開始思考。繼續計劃時是否有意識到回顧，直接關係到回顧的難易度。關於計劃方面在第二章已做過說明，在此要介紹的是在意識到運作ＰＤＣＡ循環時該注意的事情。

在計劃時目標設定不夠嚴謹，會發生「做出了成品，卻不知道是為了什麼而製作」這種結果。舉例來說，當一個作為更大規模系統的一部分而構築出來的系統超過交貨期限才完成，如果聽到「從結果來說，我們削減了一些成本」這種積極的報告怎麼樣呢？在建立計畫時只要削減成本並非目的，比起降低成本，整體計畫是否順利進展的重要性要高得多。忽視了這些指標，為得到的成果在事後補上解釋，團隊必然會迷失。

在這裡，我要說明下列在做計畫時應該意識到的三個指標。

- ＫＧＩ（Key Goal Indicator：關鍵成果指標）
- ＫＳＦ（Key Success Factor：關鍵成功因素）
- ＫＰＩ（Key Performance Indicator：關鍵績效指標）

判斷最終是否成功的ＫＧＩ

ＫＧＩ（關鍵成果指標）是測量專案與團隊目標最終是否達成的指標。如果這項指標模糊不清，或許能暫時處理眼前的工作，但困擾會發生在作業快結束的時候。如果不明白怎樣算成功，就無法作結束，說不定會連工作是成功還是失敗都搞不清楚。在最糟的情況下，將面臨等一切結束之後才開始思考該怎麼評估的窘境。

如同名稱包含「指標」一詞所示，ＫＧＩ的重點在於能夠客觀地測量。用數值顯示是理想狀態，若是難以數值化的事物，就把狀態當成情節具體地描述。

以製造業為例，最終交貨日期和預算會成為很容易理解的指標。此外，若是旨在降低成本的專案，也可以考慮用「第一年度削減了多少成本」作為ＫＧＩ。如果是系統開發，定義為「製作什麼系統？」自是當然，為了避免「製作出系統客戶卻不肯使用」的情況，在計劃時針對系統具體上需達到用多少時間，處理什麼程度的業務運作和客戶達成共識也是有效的方法。

代表最終成功關鍵的KSF

KSF（關鍵成功因素）是達成KGI必要的因素。所謂計劃，可以說就是調查出KSF，並思考具體而言為了滿足KSF該怎麼做。當然，只是表達「要是能這樣就好了」這種願望是不夠的。

區別單純的「空中畫大餅」和可執行計畫的，是有沒有考慮過「前提」與「限制」。一邊考慮自己目前置身的前提及可能對達成目標形成阻礙的限制，一邊思考如何藉由可用的資源來迴避限制才是計劃。

舉例來說，請試著想像公司內的營銷人員想為個別商品製作網站的情況。行銷人員想著「希望有人做出這個」，而公司裡沒有人有技能與知識根據他的想法做出具體的網站（限制）。這種情況中，想要實現必須外包，但也無從保證承包商就具有實現營銷人員要求的技能與知識。另外，也有在傳達「希望有人做出這個」這時候出錯的風險。將這幾點一併考慮，KSF就是「找到有實現要求能力的承包商」、「向承包商正確地傳達要求」。

為了最終目標存在的中期目標KPI

請把KPI（關鍵績效指標）想成是對實現KGI所需的中期目標指標。KPI必須能夠透過積累達成數來實現KGI。因此，至少KSF有必要包含在KPI內。

在前面的案例中，「找到有能力實現的承包商」、「向承包商正確地傳達要求」會設定為KPI。因此有必要將「有能力實現」、「正確地傳達」這些抽象的言語具體化。關於前者，可以想到的具體說法是「向多個外包商提出提案委託書，從多個觀點進行評估，向綜合評分名列前茅的供應商下訂單。要求訂單在幾月幾日前完成」。後者則是「經過協議，與外包商針對沒有疑慮的傳達方式達成共識。要求在幾月幾日前完成需求的成品。」

有些東西無法完全數值化，但要具體地定義碰到這種情況該做成什麼樣子，或是應該經過什麼樣的過程。

實行回顧

記住規則巧妙地做回顧

我們看到了回顧的重要性與意識到回顧來建立計畫。在本段落中，要介紹具體實踐的訣竅。

聽到回顧，最先想到「檢討會」的人應該很多吧。如果集合團隊成員，在絲毫沒花心思安排的會議上表示「覺得有該反省之處的人請舉手發言」會發生什麼事？我試著列出我想到的狀況。

- 成員之間的發言量不平均。發言的人一直說話，也有些成員一句話也沒說
- 焦點放在某個特定的問題上，無法進行涵蓋性的討論
- 比起尋找問題原因，問題是誰的責任成為論點，參加者開始自我辯護
- 檢討會在討論途中超時，沒得出結論就結束了

這樣子既沒有希望改善工作，也沒有樂趣，成員們對於實施檢討會本身態度無法積極。像這種狀況多次累積下來，「開檢討會本身沒有意義」的負面氛圍會在團隊內開始蔓延。大概不出多少時間，檢討會便不了了之地停辦。即使訂出「別做出搜索罪魁禍首的舉動」，全體成員若不願意自主參加，就無法做到本質上的改善。

另外，成員之間的發言量比例也是一大課題。想用言語傳達自己的想法的確需要某些技巧，也有擅長與否的差異。可是，只有聲音大的人一直在陳述己見，或是幾個聲音大的人在爭論，這種狀況不是協調型領導者想看見的。必須像至今曾提到的，運用全體參加者的視角，從多種角度掌握狀況很重要。

作為前提，在進入具體的回顧做法前，我們先來看看如何一視同仁地採納參加者的意見。

用腦力激盪法收集意見

「腦力激盪法」是創造力理論家亞歷克斯・奥斯本（Alex Faickney Osborn）提倡的開會方式，有時簡稱為「腦力激盪」。這本來是透過參加者自發的提出點子，來尋找特定問題解答的方法。奥斯本提倡的腦力激盪法有兩個原則。[*1]

- 不急於下判斷
- 數量要多

又加上這兩個原則，規定了四項規則。

①重視數量：基於量變產生質變的想法，鼓勵參加者提出多樣化的意見。

②禁止批評：用動腦擴展、強化點子取代批評別人提出的想法。一旦想到會遭到批評，人們就難以想出自由的點子。

③歡迎沒經過琢磨的點子：關係到重視數量的前提，要求參加者把沒經過琢磨的點子也提出來。

④綜合與改善點子：以「1＋1＝3」當標語，認為參加者們看到彼此的點子，能夠創造出更出色的想法。

團隊進行腦力激盪時，推薦大家使用便條紙。對於特定的主題，安排時間讓參加者們分別在便條紙上寫下點子，貼在白板或牆壁上以供大家互相參閱。

這時候的基本規則是「一張便條紙只寫一個點子」。因為在之後整理時，如果一張便條紙上寫了好幾個點子會沒辦法分類，造成困擾。另外，關於文具也有幾個重點。首先要準備尺寸較大的便條紙，筆者經常使用75×75㎜和75×50㎜尺寸的便條紙。筆要使用簽字筆，拿細字的原子筆寫的話，貼出來時會難以閱讀。

＊1 關於腦力激盪法的說明參考了維基百科（https://en.wikipedia.org/wiki/Brainstorming）。

歸納收集到的意見

逐一瀏覽貼在白板上的點子太花時間，所以要做一次整理。整理分為三階段進行。

①分組：把內容相同的便條紙集中在一處，拿筆描出邊界。如果便條紙上的內容有不明白意圖的，就在這個時機向本人確認。

②加上標題：為各組便條紙命名當成標題。這個標題是包含該組便條紙內容的抽象敘述。

③俯瞰整體整理關聯性：著眼於標題，用言語表現標題之間的關係性。重點是關於大型結構有作為一個情節的共識。

從分組到加上標題的部分能做得多快，會大幅影響會議整體要花費多少時間。不過，這不該由領導者一個人處理，全體成員都應該參加。就算一開始很花時間，隨著第二次、第三次累積經驗，速度自然會變快。

以俯瞰角度整理關聯性後，要做的行動會依那場腦力激盪的目的

圖7.4　分組與標題

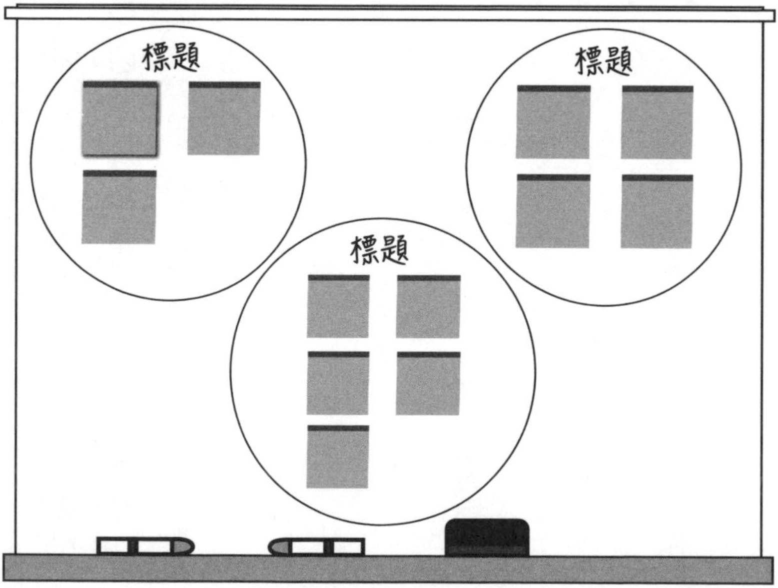

而變化。有時會挑出應該深入挖掘思考的分組仔細探討，有時會瀏覽各組確認是否有遺漏，進一步擴展範圍再次尋求點子。這是追求多樣化的點子時很有用的手法，如果團隊沒有做過，請務必試著活用（圖7・4）。

那麼，我們來看看以至今所看過的方法為基礎設計的回顧框架。雖然都是回顧，工作告一段落時的回顧與時間盒的回顧做法不同。首先，讓我們從時間盒開始看起。

時間盒回顧的框架～KPT～

在系統開發的領域，進行時間盒回顧時經常使用的框架是「KPT」。KPT是由「Keep」、「Problem」、「Try」的字首組合而成，分別代表「最好保持下去的事」、「感到有問題的事」、「想嘗試的事」。團隊以這幾項為題材進行腦力激盪是KPT的基本。

具體的做法細節依團隊而異，但概要是相同的。在此就介紹筆者平常使用的做法。

①收集意見

開始腦力激盪之前，參加者們先來溫習狀況。如工作是否按照預定計畫在進行、有沒有發生意料外的問題等等，簡單地概括現狀。在認清現狀後，進入全體參加者寫下「Keep」、「Problem」、「Try」的時間。

「K」、「P」、「T」不需分時段書寫，全部同時寫也無妨。T可以是對於P的解決方案，也可以是純粹想到的內容。另外，沒有不對應T就不能寫P這種事。如果時間盒與回顧的經營上了軌道，邊看上次寫的T內容邊動筆也是個方法。

在白板上事先分區，請寫完的人把便條紙貼在各個區塊上（圖7・5）。如果看到其他人的便條紙浮現了新點子，再補充上去也沒關係。

關於KPT的腦力激盪，建議大家先進行五分鐘左右，再看參加者的狀況來調

圖7.5　KPT的分區

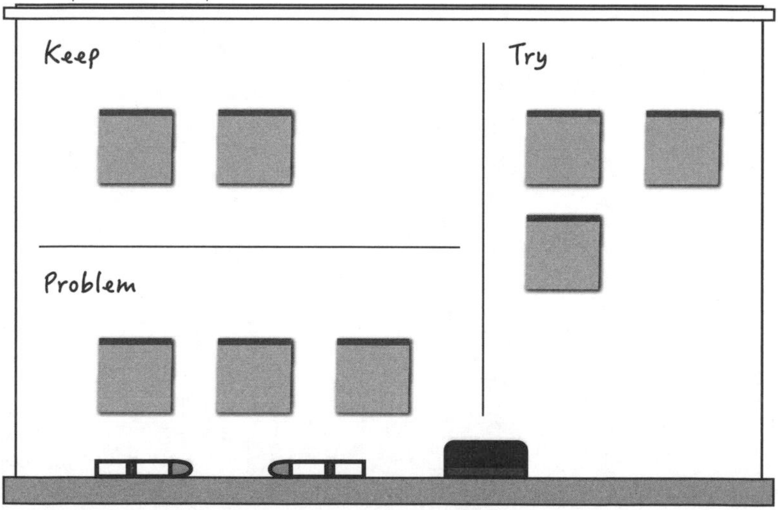

整時間。當大家都停筆時就結束，進入下一個階段。

②分類收集到的意見

收集到意見後，分組並各自加上標題（圖7・6）。注意此時是以點子分組，別橫跨KPT個別的領域。

重要的是全體參加者都要進行這項作業。為了有效率地利用時間，比起按K↓P↓T的順序來做，在一定程度上分工整體同時進行有時候更好，而這時候全體成員也要瀏覽過所有的便條紙。

下一個階段會根據此時設定的

圖7.6　KPT的各區分組

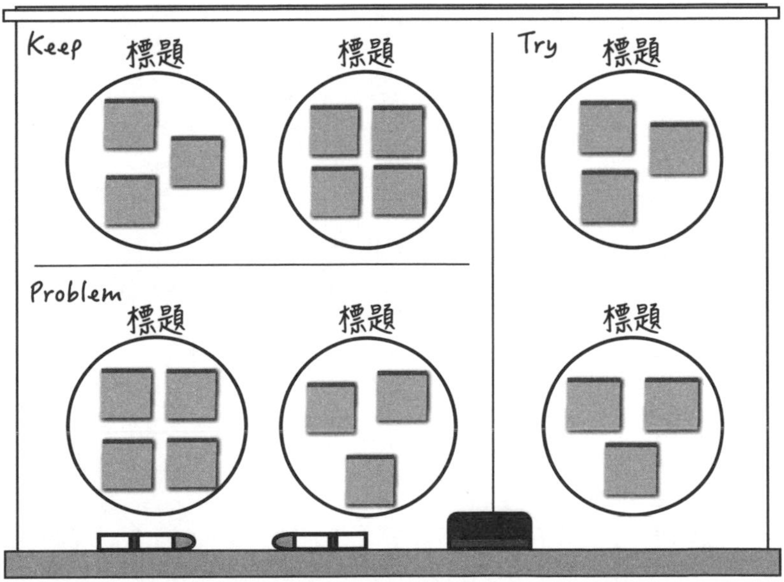

標題來進行。因此在這個階段發生誤解，將對之後造成影響。在分類完畢後要環顧整體，個別檢查分類有沒有不對勁的地方，至少看看自己寫出的意見是否被安排到錯誤的分類。

③分析分類後的結果

這個階段最為重要。如果分組完就結束，回顧幾乎沒有意義可言。直到分組為止都由全體成員一起動手，不過最後的分析階段，領導者可在一定程度上主持進行。

首先關於Keep，請重新確認列舉之事的重要性，保持下去。即使是過去被沒當成明確決定的事情，既然填寫在K項目中，將其言語化是很重要的。

在Problem欄列舉的事項，如果實際變成阻礙團隊腳步的因素，全部都要記錄在問題管理表等文件上。只是，要考慮應對的優先順序。對於不需馬上應對也沒關係的問題，也可以當成長期處理的課題暫時擱置。

如前面所述，Try可以是應對P的策略，也可以是想嘗試的新措施。對於優先度較高的P的解決方案T應該最優先執行，除此之外別想要一次統統做，應排列出優先順序（圖7・7）。

這種KPT框架的回顧活動，可以讓團隊自行準備好自己要前進的道路，可說是培養團隊自主行動的有效練習。*2

*2 關於KPT的說明參考了天野勝著《これだけ！KPT（暫譯：KPT就是這麼簡單！）》。

圖7.7 KPT整體的結構

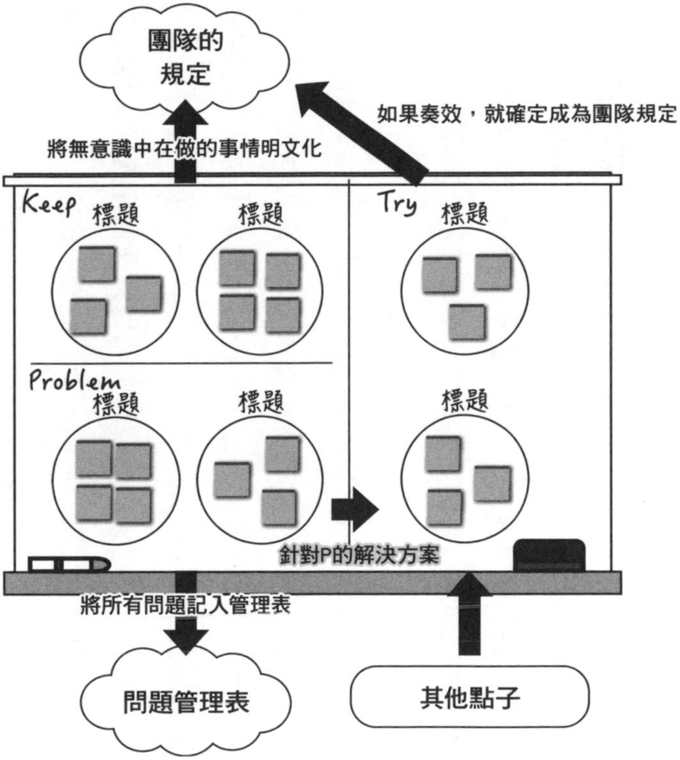

根據指標進行段落回顧

使用KPT的回顧雖然在運行PDCA循環上很有幫助，但並非萬能。在定期修正軌道之外，在各個段落必須根據目的／目標確認團隊的現在位置。

在段落回顧時採用的觀點，有「某個策略想實現的事情實現了嗎？」「預想的風險是否浮上檯面？」「有沒有發生新的問題？」等等。總之，在消化某個資源（時間、成本）時，要確認是否到達預定中的位置。請回想本章前半說明的KPI。那個指標正是用來量化判斷「預定中的位置」的依據。因此，在某個段落進行的回顧，必須根據指標來做。

對指標的評估可以客觀地進行，因此提前由領導者一個人或幾個人一起進行也沒有問題。這時要製作圖7．8的評估表。除了在表上記載相對於預定（KPI）的實績值與概觀，為了簡單易懂地表現結果，筆者使用了天氣標誌。符合預定計畫為「晴天」、還有課題沒做完為「陰天」、發生問題無法按照預定計畫進展為「雨天」。在每次回顧時，也可以由團隊增加標誌的種類。

能夠達成指標自然很好，但問題在於未能達成的情況。沒達成指標時，有必要分析原因、檢討如何因應。關於原因分析與應對，應該由全體團隊成員而非領導者一人來思考。因此要重新展開評估表，大家經過一定程度的思考後集合起來進行腦力激盪。在這種情況下，不僅要考慮防止再次發生的方案，連同挽回失敗的計畫一併檢討也很重要。

圖7.8 | 指標評估表（以系統開發的畫面設計為例）

KPI	實績	概況	結果
連結業務流程 查出所有畫面	5/5	已連結全部五種業務流程， 決定在哪個畫面操作	
決定所有畫面功能	40/50	還有10個畫面有待檢討事項	
查出既存系統 的樣式	10/50	在50畫面中，有40畫面既 存系統的樣式依然不明確	

為了使團隊逐步成長

PDCA循環是用來改善的框架。最終目的是改善工作，使團隊逐步成長。

但是，當「什麼事成為什麼狀態才可稱作成長？」的定義因人而異，即使在改善作業效率期間沒問題，準備向前邁進時就會漸漸話不投機。在這本書的最後，我想針對團隊的成長來做一番思考。

何謂團隊成長

在此要介紹一套思考何謂團隊成長時使用的框架，CMMI（Capability Maturity Model Integration：能力成熟度模型集成）。或許有很多人對此不太熟悉，這是為了讓組織更適切地管理流程，把應該遵守的準則體系化的框架。*3 另外，此處所指的「成熟度」是規則的整頓及落實的程度等等。相對的「成長」則是指所有透過學習而習得新事物的活動，成熟也包含在內。

CMMI將成熟度的等級分為五級。

第一級為「初始」。在這個階段流程全屬臨時應付，專案的成功仰賴個人的能力和超乎尋常的努力。雖然在第一級也能完成專案，但幾乎都會超出期限與預算。這個組織的特徵是沉重的負擔、缺乏處理危機的程序、缺乏重現過去成功的能力。組織並未進行任何管理，可說是「全靠能幹的人」狀態。這些「能幹的人」在大多數情況下都被迫背負沉重的負擔，也沒有餘力培養後繼者。大家是否也曾看過這樣的情景呢？

第二級為「已管理」狀態。實行了基本的專案管理，成本與行程都受到管理。另外，專案按照文書化的計畫經營。具有處理危機能力也是這一階段的特徵。

第三級稱作「已定義」狀態。是組織確立了標準流程，隨著時間經過改善的狀態。第二級和第三級最大的差異，在於標準流程的適用範圍（Scope）。在第二級，流程管理或許僅限於特定專案。換句話說，仰賴專案經理能力的狀態為第二級，組織可以重複成功經驗的狀態為第三級。

第四級為「已量化的定義」狀態。特徵在於能夠從統計的觀點，以數字來理解流程的成果與品質。和第三級最大的差異在於學會了以量化手法預測成果。

最終階段的第五級稱作「最佳化」狀態。此處的重點是「最佳化」，而非「已被最佳化」。處於這種狀態的組織，評估主軸已從流程本身轉移到改善活動上，追求漸進／創新兩方面的改善活動。

CMMI的目標使用者是開發軟體的組織，內容實際上非常詳細地記載了各等級組織應達成的具體事項，不過如同我們目前所明白的，成熟度等級的思考方式可以適用於範圍相當廣泛的組織。相信不會有人反對，「可以量化地預測組織活動，並持續進行改善活動的狀態」是任何組織都應該立志成為的理想狀態。

CMMI的優秀之處，是將這些狀態用化為言語來表現，以及對達到最終階段前的階段都做出了定義。如果目標不清晰就無法當成目的地，即使清晰，太過遙遠的目標也會令人迷路。那麼，作為領導者該如何達到這樣的階段呢？

*3 https://zh.wikipedia.org/wiki/能力成熟度模型集成

想走得快就一人獨行，想走得遠就攜手並進

當專案必須在一定的期限與預算內做出結果，如何兼顧「做出成果」與「促使團隊成長」這兩個目的便成為一大主題。當組織成熟度達到第三級左右，透過在計劃專案時接受第三者訪問等方法，不需再那麼在意這種問題。然而在組織不成熟，徘徊於第一級與第二級之間的狀況中，要兼顧兩者絕非易事。處在這樣的情況，當領導者與專案的成

功與否密切相關，將不得不發揮自己現場能力的最大限度，付出「超乎尋常的努力」。這正是本書一開頭提到的「負面螺旋」本身。

但是，俯瞰團隊整體設計長期策略也是領導者的重要工作。當領導者沒有餘力，即使努力堅持到專案結束，也無法期待團隊得到成長。面對這種情形，領導者首先該做的是「騰出時間」。正確的策略只能出自正確的狀況判斷，做出正確的狀況判斷則需要一定程度的時間。舉例來說，需要有時間去「腦袋放空重讀筆記」、「思考幾個月到幾年後的事情」、「閱讀長期課題的參考書籍」。如果連做這些事情的餘力都沒有，就該輪到上一章所介紹的「S・T・O・P」登場了。首先請認識到領導者需要這樣的時間，抽不出空會是個問題，要設法保障有時間可用。

當職責是制定並遵守流程的人沒有餘力，連定期回顧也都會做不到。這麼一來，PDCA循環會完全停止，無法改變狀況。不會做事的人依然不會，只能靠會做事的人處理的狀況將會一直持續下去。仰賴個人努力的團隊遲早會失敗。

即使狀況那麼糟，只要繼續運行PDCA循環就行了嗎？沒這回事。在強烈依賴個人的狀態下胡亂運行PDCA循環，有時循環會以加重個人依賴的形式運轉。這團隊將被最佳化成「資訊集中在領導者手上，由領導者判斷所有事物」這種形式。

請回想第一章說明過的控制型領導者與服務型領導者。「領導者管理、監督成員們的作業，要求他們絲毫不錯地按其指示行動的團隊（控制型）」若是這種團隊，那樣或許也可行，但我們追求的方向應該正好相反。在一開始大概有領導者不得不經手各種事務以求短期成果的時候。不過為了突破這種狀況，不降低作業品質地盡可能增加成員做得到的事，應該要運行PDCA循環。

這種局面正好符合昔日的格言「想走得快就一人獨行，想走得遠就攜手並進」。請一邊達成短期成果，一邊展望前方。

什麼是領導者最後的工作

這本書中寫到，領導者該做的第一件事是「對作業放手」。而說到領導者該做的最後一件事，是「使團隊達到少了自己也沒問題的狀態」。雖然寫了「最後」，其實從一開始就必須以這種狀態為目標。為了實現這一點，該怎麼做才好？

方法有兩種。一種是培育與自己承擔相同角色的下一任領導者。另一種是讓團隊成長到不需要自己的程度。

本書的目標是後者。行文至此，我們看過了讓成員對於目標的認知達成一致、消除對立、經營日常活動、應對問題的方法。這些活動最初必須由領導者來推進，不過當每位成員學習了做法，團體就會自然地做得到這些。那麼，為了實現這一點該怎麼做？

貫穿本書最大的主題，是「化為言語與人共享」。為了讓團隊少了自己也不成問題，首先要做的是把自己做的事情化為言語。這可以說是將自身心中的內隱知識轉變為外顯知識。這並非無意識就做得到的，必須將無意識進行的事情意識化，並持續努力地用言語描述出來。

在每天的行動中展現領導者的角色，並用具體的言語說出來，和團隊整體共享「作為領導者該做的事」與「作為一個團隊該做的事」。其中除了引導團隊邁向成果之外，前面說明過的「促使團隊語言變得豐富」的活動也包含在內。這麼做的話，即使領導者不提倡，成員們也會變成懂得自行豐富團隊的語言。

發生這樣的轉變後，就慢慢地轉讓權限。像是對作業放手一樣，對權限放手也需要勇氣。有時候也不得不容許一些小失敗。但那種勇氣，正是協調型領導者必須一直堅持擁有的。

結語

「我知道你很厲害，將團隊也變得更厲害吧。」

在以前上班的公司，社長反覆向我說過這句話。先不提我是否真的「很厲害」，至少作為一名領導者來看，當時的我沉溺於眼前的作業而疲憊不堪，牽著成員們的鼻子走，簡直正是本書提到的製造「負面螺旋」的元兇。對於在當時那種境況中還積極參與的成員們，我真的只有滿心感謝。我最希望能閱讀這本書的人，說不定就是當時的我。

時間流逝，我的立場改變，累積了經驗，漸漸看得見以前看不見的東西。不過這些讓我明白，身為小領導者該做的事，追根究柢來說只有兩件。一件是「用團隊做出成果」，另一件是「引導包含自己在內的成員與團隊成長」。

不過，要達成這個簡單的任務該學習的東西實在太多，即使學到了也不能直接實行。但儘管如此，找到應該邁進的目標果然還是很有價值，我認為將這個想法化為言語與團隊共享，一同邁向目標是極為重要的。

如同在「前言」寫到的，本書主要的預設對象是領導者。不過，如果團隊都能閱讀本書，並發展出「來試試這個吧」或「這邊應該適合採用不同的做法？」的討論，而非只有領導者閱讀然後孤獨地實踐，作為筆者我將欣喜萬分。因為那正是本書視為理想目標的團隊狀態。

如果全體團隊成員都能理解本書內容，視為理所當然之事接受的話，那麼團隊將會登上另一個階段，需要的領導力也將隨之改變吧。

但願本書可以為每天面對工作現場的團隊與諸位領導者帶來一點幫助，那將會是我的榮幸。

二〇一七年九月吉日

和智右桂

［作者介紹］ **和智 右桂**（Yukei Wachi）

1978年出生於東京。取得東京大學人文社會系研究科博士課程學分後退學，進入軟體公司就職。其後任職於野村綜合研究所股份有限公司、GROWTH×PARTNERS股份有限公司，2015年10月進入HAPPINET CORPORATION資訊系統部門，從事將過去開發程式標準化、電腦系統結構設計、大型系統開發管理等工作。日文譯作有《エリック・エヴァンスのドメイン駆動設計》（2011年，翔泳社，合譯）、《組織パターン》（2013年，翔泳社）、《ビヨンドソフトウェアアーキテクチャ》（2015年，翔泳社，合譯）等，並定期在會議等場合舉辦講座。

Twitter　https://twitter.com/digitalsoul0124
部落格　http://d.hatena.ne.jp/digitalsoul/

［日文版工作人員］
裝幀・設計　荒川浩美（ことのはデザイン）
DTP　BUCH⁺

スモール・リーダーシップ
チームを育てながらゴールに導く「協調型」リーダー【ISBN 978-4-7981-5087-1】

沒人教我怎麼當主管
量身打造領導力，小團隊也能締造好成績！

2018年4月1日初版第一刷發行
2018年5月1日初版第二刷發行

作　　者　和智右桂
譯　　者　鄭翠婷
編　　輯　曾羽辰
特約美編　鄭佳容
發 行 人　齋木祥行
發 行 所　台灣東販股份有限公司
　＜地址＞台北市南京東路4段130號2F-1
　＜電話＞(02)2577-8878
　＜傳真＞(02)2577-8896
　＜網址＞http://www.tohan.com.tw
郵撥帳號　1405049-4
法律顧問　蕭雄淋律師
總 經 銷　聯合發行股份有限公司
　＜電話＞(02)2917-8022
香港總代理　萬里機構出版有限公司
　＜電話＞2564-7511
　＜傳真＞2565-5539

國家圖書館出版品預行編目資料

沒人教我怎麼當主管：量身打造領導力,小團隊也能締造好成績! / 和智右桂著；鄭翠婷譯. -- 初版. -- 臺北市：臺灣東販, 2018.04
224面；14.7×21公分
譯自：スモール.リーダーシップ：チームを育てながらゴールに導く「協調型」リーダー
ISBN 978-986-475-622-3(平裝)

1.企業領導 2.組織管理

494.2　　107002766